白酒金融
理財產品研究

吳濤，張亮 著

前　言

　　改革開放以來，隨著中國社會經濟的不斷發展，中國居民的貨幣收入總量也不斷增加。央行公布的數據顯示，截至 2017 年 12 月末，中國人民幣存款餘額已經高達 164.1 萬億元。與之相伴的是居民投資需求的增長，以及金融機構理財產品的開發。

　　金融理財產品的開發必須依託於實體經濟與實體產業。白酒產業在中國發展已經有 2,000 餘年歷史，並已經成為中國部分地區，如四川、貴州等省重點發展的支柱產業之一。振興這一產業和區域重要支柱產業，不僅需要釀酒科學技術的推陳出新，也需要科學的經營管理方法的支撐。隨著中國市場經濟改革的深化，經營管理方法在白酒產業發展中的地位日益凸顯。這又與中國白酒產業的競爭發展業態，以及白酒產品的特性密切相關。

　　首先，進入 20 世紀 80 年代後，由於中國酒類生產和銷售管理體制分散，酒類專賣制度在無形之中被廢除。中國白酒產業已經處於完全市場競爭狀態。數據顯示，截至 2017 年年底，中國規模以上白酒企業尚存 1,593 家。其次，標準意義上的白酒（liquor and spirits）是以糧穀為主要原料，以大曲、小曲或麩曲及酒母等為糖化發酵劑，經蒸煮、糖化、發酵、蒸餾而制成的蒸餾酒。白酒的主要成分是酒精，化學名叫乙醇（ethanol）（分子式為 C_2H_6O）。當人體血液中的乙醇濃度達到 0.05% 時，人體會出現興奮和欣快感；當人體血液中的乙醇濃度達到 0.1% 時，人體一般會失去自控能力。因此，白酒行業一直承受著較大的社會壓力，諸如人們存在喝白酒影響身體健康、增加交通事故、消耗糧食等不完全客觀的認識。在此背景下，白酒產業又極易受到國家產業政策環境的影響。政策性限酒、命令式禁酒、「門」類眾多的業內風波，使目前的中國白酒業在終結了短暫的市場放開後的浮躁快感後，再次面臨前所未有的困境。

　　正是在上述背景下，作為一種新鮮事物，白酒金融理財產品應運而生。白酒金融理財產品具有為白酒企業融資、品牌塑造、產品銷售等多種功能。由於

中國的白酒金融理財產品發展的歷史較短，市場上出現的白酒金融理財產品不同程度地存在一些問題與缺陷。白酒企業、金融機構與投資者之間發生利益衝突的事件也時有發生。

因此，探討如何通過金融工具和手段的運用與創新，有效地促進白酒企業與產業的可持續發展是非常必要的。在此背景下，本書以近年來中國資本市場上出現的各類白酒金融理財產品為研究對象，就如何通過金融創新手段，開發出真正具有市場生命力的白酒金融理財產品，進而促進中國白酒產業的可持續發展問題進行了深入研究。

白酒金融理財產品屬於金融理財產品的分支。因此，本書的第1章對金融理財產品的特徵進行了概括性研究。本章通過對金融理財產品定義的探討，指出了金融理財產品的本質；按照不同的維度，對金融理財產品進行了基本的分類；根據發行、銷售理財產品，以及理財產品募集資金所採取方法、手段的差異性，對金融理財產品的運作管理模式進行了分類；在此基礎上，對中國金融理財產品市場發展的基本狀況進行了介紹。

本書第2章通過對金融理財產品相關國內外研究文獻的梳理，發現國內外尚缺乏結合具體的商品基礎資產狀況所進行的金融理財產品開發的深入研究。這種缺陷的存在既無助於金融理財產品開發規律性的把握，也不利於金融理財產品市場良性可持續的發展。正是基於這一現狀，筆者在本書中對白酒商品資產證券化問題進行了「過程式」研究。

由於中國金融理財產品市場在其快速擴張過程中出現了一系列亟待解決的問題，近年來中國的金融監管模式也發生了相應變化，監管機構頒布了有關理財產品的大量法律法規。因此，本書第3章對中國的金融理財產品市場的監管問題進行了系統梳理，並對部分金融理財產品的法律法規進行了「解讀式」研究，以期助力未來中國白酒金融理財產品市場的進一步開發創新。

本書第4章在對白酒金融理財產品產生原因深入分析的基礎上，著重梳理了中國酒類金融理財產品的開發現狀。本章總結了中國市場發行的主要酒類金融理財產品的特徵。從總體上來看，中國發行的酒類金融理財產品中，商業銀行與信託公司合作開發的理財產品佔據了較大的比例，白酒商品資產證券化產品起步較晚，但已經具有一定規模，也引起了市場投資者的關注。本章比較分析了兩種理財產品功能、作用上的共性與差異性。

由於商業銀行與信託公司合作開發的白酒信託收益權理財產品佔據了白酒金融理財產品市場中較大的份額，本書第5章對該類金融理財產品進行了較為深入的研究。本章研究發現，由於銀信合作類白酒金融理財產品設置了理財產品到期後投資者的收益選擇權，該類理財產品還是一種「債權型」融資產品。

對於酒企而言，如果白酒信託收益權理財產品到期後，投資者大量選擇以現金收益回報方式行權，此時該類理財產品就成為酒企的一款融資工具。在這種情況下，當酒企自身的現金流狀況不理想時，將面臨巨大的資金償還壓力。同時，本章研究發現，白酒信託收益權理財產品的交易主體利益動機具有差異性。對於酒企而言，由於白酒信託收益權理財產品具有產品銷售、品牌宣傳、市場滲透、融資等多種功能，酒企是否選擇發行白酒信託收益權理財產品，是一個對上述多種功能進行權衡分析的結果。基於沱牌舍得「天工絕版酒」以及「國窖1573」專屬理財產品兩款白酒信託收益權理財產品的實證研究，筆者發現，對於不同的酒企而言，其發行白酒信託收益權理財產品的動機不同。因此，未來白酒金融理財產品的開發需要結合酒企的實際情況進行「量身定制」，應引進具有成本差異化的資金和產品銷售渠道，以滿足不同酒企的需求。

本書第6章對中國白酒金融理財產品的另一個大類———白酒商品資產證券化產品進行了實證研究。本章主要分析了此類理財產品的交易結構，並對這種交易結構中重要的要素———交易平臺的功能與作用進行了研究。本章以中國較早出現的白酒資產證券化交易平臺———上海國際酒業交易中心為實證研究對象，對其交易機制、交易風險、監管問題等進行了深入研究。本章的實證研究表明，中國的白酒商品資產證券化產品還處於一種不規範的「非標準化狀態」。

基於第6章的結論，本書第7章詳細探討了標準型白酒商品資產證券化產品的開發問題。本章深入探討了標準型的白酒商品資產證券化產品的總體設計思路、交易主體、交易機制、交易流程等現實問題。同時，本章還從投資者利益保護、理財產品交易平臺監管、白酒企業融投資、金融機構責任等多個角度，探討了白酒金融理財產品開發市場未來的發展方向和思路。

出於博士後工作站培養單位商業保密等原因，本書推遲了近5年出版。這5年又讓筆者對白酒金融理財產品有了許多新的思考。但願本書的出版能為中國白酒企業的發展提供更多的新思路，也希望金融業界同行不吝批評指正！

著者

目　錄

1　金融理財產品概述 / 1
　1.1　金融理財產品的起源 / 1
　1.2　金融理財產品的發展 / 2
　1.3　金融理財產品的定義與內涵 / 3
　1.4　金融理財產品產生的背景分析 / 4
　1.5　金融理財產品基本分類 / 8

2　國內外金融理財產品研究綜述 / 28
　2.1　國外金融理財產品研究的主要成果 / 28
　2.2　中國金融理財產品相關研究 / 29
　2.3　中國外金融理財產品主要研究成果述評 / 36

3　金融理財產品市場監管 / 37
　3.1　金融理財產品市場發展與金融監管 / 37
　3.2　金融理財產品市場監管現狀 / 38
　3.3　金融理財產品市場監管模式的探索 / 44
　3.4　金融理財產品市場監管主要法規研究 / 48

4 中國白酒金融理財產品開發現狀研究 / 73

4.1 中國白酒金融理財產品開發的背景分析 / 73

4.2 中國市場發行的主要酒類理財產品 / 75

4.3 中國市場發行的主要酒類理財產品特徵總結 / 81

5 白酒信託收益權理財產品發行典型案例研究 / 84

5.1 沱牌舍得天工絕版酒信託收益權理財產品研究 / 84

5.2 白酒信託收益權理財產品的開發動機研究 / 88

5.3 白酒信託收益權理財產品未來發展展望 / 93

6 中國白酒商品資產證券化的實踐探索 / 96

6.1 基於交易平臺的白酒商品資產證券化
——以上海國際酒業交易中心為例 / 96

6.2 上海國際酒業交易中心白酒商品資產證券化產品
交易各方交易動機分析 / 102

6.3 上海國際酒業交易中心交易狀況評析 / 104

6.4 上海國際酒業交易中心發展中的困境分析 / 112

6.5 上海國際酒業交易中心交易機制完善研究 / 115

7 標準型白酒商品資產證券化產品設計 / 131

7.1 資產證券化概述 / 131

7.2 商品資產證券化概述 / 132

7.3 標準型白酒商品資產證券化的參與主體 / 133

7.4 標準型白酒商品資產證券化產品的發行 / 142

7.5 白酒商品資產證券化產品的交易 / 146

7.6 白酒商品資產證券化產品開發的意義 / 152

參考文獻／ 161

附錄 1　上海國際酒業交易中心交易規則（2010 年版）／ 164

附錄 2　上海國際酒業交易中心國產收藏類酒交易細則
　　　　（2010 年版）／ 169

1　金融理財產品概述

1.1　金融理財產品的起源

「金融理財」，英文全稱為 financial planning，意為「關於錢財的計劃」，也有學者稱之為 wealth management。國外對金融理財產品的稱謂起源於歐洲。與中國古代的「經邦濟世」之說不同，歐洲經濟學最早對「經濟」（economy）的理解是以家庭財產管理為對象的。其來源於古希臘語 olkovoula，原義為家計、家庭管理，始見於古希臘思想家色諾芬所著的《經濟論》一書。《經濟論》被經濟學界普遍認為是世界上第一部家庭經濟學著作，它是色諾芬為教導奴隸主而編著的一部奴隸主家庭經濟學著作，其中就有若干關於居民理財的論述。公元 14 世紀，俄國又出現了由西里維斯特匯編成的封建貴族對其子嗣的訓令箴言集《封建家庭經濟學》。這些著作中出現的大量關於居民理財的思想，本質上都是為當時的剝削階級家庭經濟服務的，但其已經具備了「金融理財產品」概念的雛形。

隨著西方國家進入資本主義社會，資產階級除了要研究自己家庭的發財致富之道，還有緩和日益對立的階級利益矛盾的需要。為了鞏固資產階級的統治地位，他們也開始「關心」工人的家庭經濟生活。這是因為資產階級想盡量把工人的生活水準降到一定限度，從而也可以將工人工資降到一定限度。此外，部分資本家還想使別的資本家的雇傭工人成為自己的商品的銷售對象，他們以極大的熱情「教導」工人進行「合理的消費購買」以及「最優的投資」。因此，「消費經濟學」及其分支「理財產品經濟學」逐漸成為經濟學領域研究的熱點。

1.2 金融理財產品的發展

20 世紀 30 年代，世界範圍的經濟危機不僅給金融機構帶來了致命打擊，也對人們的生活方式，尤其是理財方式產生了重大影響。嚴重經濟危機後人們普遍急需對未來生活的保障，保險公司開始利用這一商機適時推出能滿足不同需要的個性化保險產品，並對客戶開展一些簡單的個人生活規劃和綜合資產運用方面的諮詢。這些都在客觀上推動了金融理財業務的發展。

20 世紀 60~90 年代，金融理財在發達國家逐漸發展成為一個全新的金融服務業，並占據了銀行零售業務領域的核心位置。

隨著全球經濟的發展，富裕人群正在迅速擴大，但由於個人專業知識和技能的缺乏，富裕人群難以憑藉自身能力運用各種財務資源為自己做科學可行的財務計劃、退休計劃、稅收計劃，因此產生了對專業金融理財產品的迫切需求。在此背景下，金融機構發展理財業務不僅可獲得相對穩定的低風險收入，而且有利於培養客戶的忠誠度，達到共同發展的目的。總體來看，西方發達國家金融理財業務發展經歷了三個階段：

第一階段：20 世紀 60~70 年代，理財業務仍局限於簡單的委託代理活動，商業銀行主要提供諮詢顧問服務，代理客戶進行投資收益分析，籌劃資金安排和代辦有關手續等。20 世紀 70 年代初，由於金融市場競爭的加劇，以及理財風險防範相關法律的不健全，整個西方銀行業發生了「銀行零售業革命」。這一時期，由於證券公司、保險公司對商業銀行業務的極大興趣，商業銀行的市場份額受到了較大衝擊。商業銀行為了保持業務量，被迫越來越多地涉足金融理財零售業務。金融理財業務作為零售個人業務的一部分也因此開始真正發展起來。

第二階段：20 世紀 70 年代末~80 年代末。進入 20 世紀 80 年代，利率市場化發展背景下，商業銀行普遍以高利率吸收大量存款，而貸款利率卻因激烈的市場競爭不斷下調。各大商業銀行開始爭奪中間市場業務，中間市場業務因此迅速崛起；此外，由於經濟的快速發展和居民收入水準的不斷提高，社會貧富差距日漸擴大，中產階級開始壯大，也為金融理財業務的發展奠定了基礎。20 世紀 80 年代末，計算機技術的快速發展，不僅使銀行業務效率大大提高，也使新的金融理財業務品種不斷地開發出來。商業銀行普遍開始利用電話銀

行、網上銀行開展金融理財業務。

第三階段：20世紀90年代至今。儘管1933年美國政府頒布的《格拉斯-斯蒂格爾法案》有效分離了商業銀行和投資銀行業務，形成了分業經營的金融體系。但是，進入20世紀90年代，各國紛紛修改相關法律，允許銀行大範圍拓展金融業務。各國金融監管也因此放鬆，不同類型的金融機構之間相互參股，並允許向顧客提供更多類型的金融產品。將不同類型的金融產品或服務集中到同一個營業網點，提供給消費者「一站式」選購的「金融超市」在此背景下產生了。金融超市為商業銀行金融理財業務的發展提供了新模式。因此，在混業經營的環境下，金融理財業務得以迅速發展。

目前，西方國家金融理財業務發展已經呈現出三大新特徵。首先是混業經營下開展全方位的金融理財業務。1999年，美國頒布的《金融服務現代化法案》在法律上重新確立了金融混業經營與監管模式，也推動了美國甚至全球金融機構混業經營理財業務的新趨勢。其次是科技支撐背景下的理財業務網絡化。隨著互聯網的普及，西方國家民眾可以足不出戶通過理財網站來處理家庭的消費、投資、儲蓄、貸款等財務事宜，極大地提高了理財業務的效率。最後是理財業務專業化。美國各大銀行一般都擁有一批持有國際註冊理財規劃師委員會執照的註冊理財規劃師，這些理財專家根據客戶的財產規模、生活質量、預期目標和風險承受能力等有關情況為其量身定做整套理財方案，以尋求個人資產收益的最大化。

1.3　金融理財產品的定義與內涵

中國金融理財標準委員會對「金融理財」的定義是：金融理財是一種綜合金融服務，是指專業理財人員通過分析和評估客戶財務狀況和生活狀況、明確客戶的理財目標，幫助客戶制定出合理的可操作的理財方案，使其滿足客戶人生不同階段的要求，最終實現人生在財務上的自由、自主和自在。

2005年9月24日，由中國銀行業監督管理委員會[①]第三十三次主席會議通過並公布的《商業銀行個人理財業務管理暫行辦法》第一章第二條中對

[①]　中國銀行業監督管理委員會簡稱「銀監會」。2018年4月8日，中國銀行保險監督管理委員會正式掛牌，銀監會、保監會正式告別歷史舞臺。本書所述「銀監會」「保監會」皆為此前原部門。

「個人理財業務」定義也給出了明確界定：「商業銀行為個人客戶提供的財務分析、財務規劃、投資顧問、資產管理等專業化服務活動。」

從以上關於「金融理財」問題的表述中，我們可以將「金融理財」概括為「金融機構基於滿足投資者財務上的貨幣增值需求，而為投資者提供的理財顧問服務和綜合金融服務。其可以被理解為一種財產委託代理投資關係。在這種關係中，金融機構通常是接受投資者的授權委託，代理投資者管理其資金，而投資收益與風險則由金融機構和投資者按照事先約定的方式進行分配與承擔」。

實踐中，金融機構提供的上述金融服務活動主要是以「金融理財產品」為載體而表現出來的，而「金融理財產品」又可以理解為金融機構在對潛在投資者分析研究的基礎上，而開發設計並銷售的一種「資金投資和管理計劃」。

由此，我們可以認為，「金融理財產品」是連接「資金多餘方」與「資金需求方」的載體，而金融機構則是這種「載體」的設計開發方。由於金融理財產品有針對性地吸收著社會閒散資金，在一定程度上加快了資金的流動，提升了資金的利用率，可以相對規避通貨膨脹所產生的不利影響。

因此，對於資金多餘方而言，金融理財產品屬於一種規範和科學的投資工具範疇；而對於資金需求方而言，金融理財產品又屬於一種融資工具範疇。資金需求方可以通過發行金融理財產品吸納一定量的社會閒散資金，並運用這種社會閒散資金投資於具體的產業項目，進而創造出更多的商品價值與剩餘價值（詳見圖1-1）。

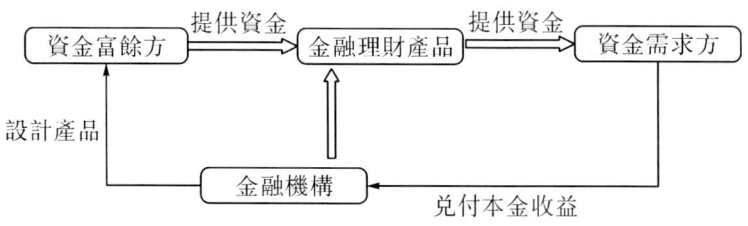

圖1-1　金融理財產品內涵模型

1.4　金融理財產品產生的背景分析

金融理財產品作為一種經濟事物，我們有必要探究其產生的原因。事實

上，任何一種經濟活動產生的基礎都是「需求」。金融理財產品產生的基礎也是「需求」，具體而言，這種「需求」主要是金融理財產品投資者的「投資需求」，以及金融理財產品發行人的「融資需求」兩者的結合，而這兩種需求又是在社會經濟發展的大背景下產生的。

著名經濟學家凱恩斯在其名著《就業、利息和貨幣通論》一書中提出了貨幣流動性偏好理論。該理論將人們持有貨幣的動機分為三種，即「交易動機」「預防動機」和「投機動機」。「交易動機」指人們為了應付日常交易而需要持有貨幣的動機；「預防動機」指人們為了應付不測之需或捕捉一些有利時機而願意持有貨幣的動機；「投機動機」則是人們根據對市場利率變化的預測持有貨幣並從中獲利的動機。凱恩斯認為這三種動機均取決於收入的多少，且只有當人們的「交易性貨幣需求」和「預防性貨幣需求」得到滿足後，才會產生一定的投資需求。

從1978年中國實施改革開放政策後，中國社會經濟總量快速增長，企業與居民的貨幣收入總量不斷增加。央行公布的統計數據顯示：截至2017年12月末，中國本外幣存款餘額為169.27萬億元，同比增長8.8%；年末人民幣存款餘額為164.1萬億元，同比增長9%（見圖1-2）。全年人民幣存款增加13.51萬億元。其中，住戶存款增加4.6萬億元，非金融企業存款增加4.09萬億元，財政性存款增加5,684億元，非銀行業金融機構存款增加1.23萬億元。在此背景下，居民的投資需求也不斷增加。

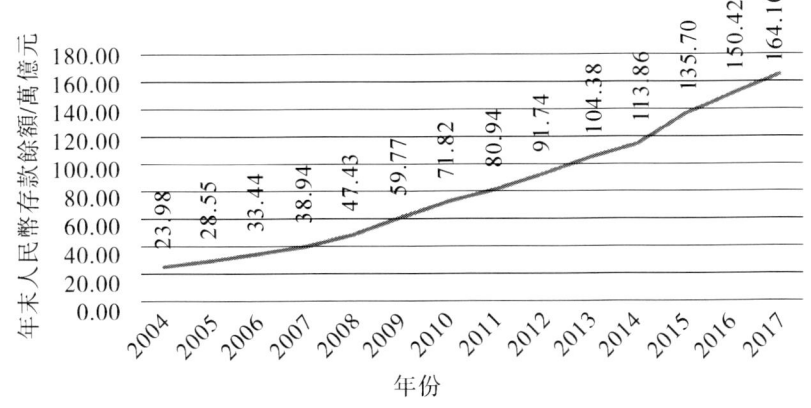

圖1-2　2004—2017年中國人民幣存款增長走勢圖

數據來源：中國人民銀行網站。

1　金融理財產品概述

然而，非金融企業與居民貨幣收入總量的增加並不是促使其購買金融理財產品的充分條件。促使其投資需求增加的另一個重要因素，還在於其對貨幣財富的保值增值需求。這是因為如果其貨幣收入總量的增加幅度低於物價上漲幅度，意味著其實際貨幣收入的減少。因此，只要當 CPI（消費者價格指數）和 PPI（工業品出廠價格指數）上漲幅度超過非金融企業與居民的收入時，非金融企業與居民的投資需求就會增加。

圖 1-3 和圖 1-4 的數據顯示，近年來中國 CPI 和 PPI 指數呈現出較大的波動，使得居民對人民幣通脹的預期日益強烈，而更傾向於為閒置資金尋找收益更高且安全性較高的投資渠道。此外，中國居民受教育程度和開放程度的普遍提高，也促使普通居民的投資理財意識逐漸增強。

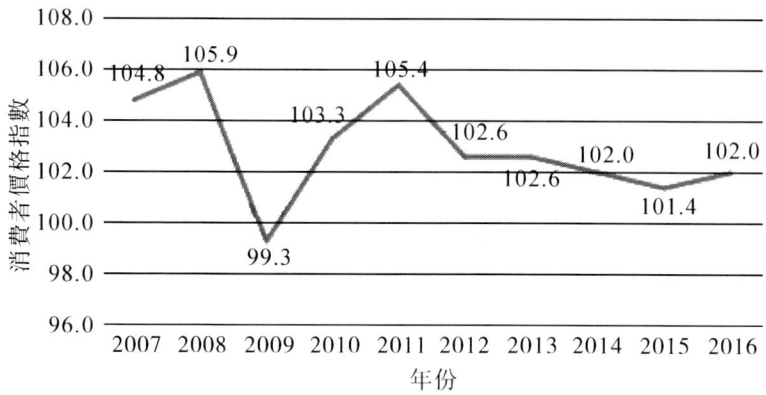

圖 1-3　2007—2016 年中國消費者價格指數（CPI）年度走勢圖（上年 = 100）
數據來源：國家統計局。

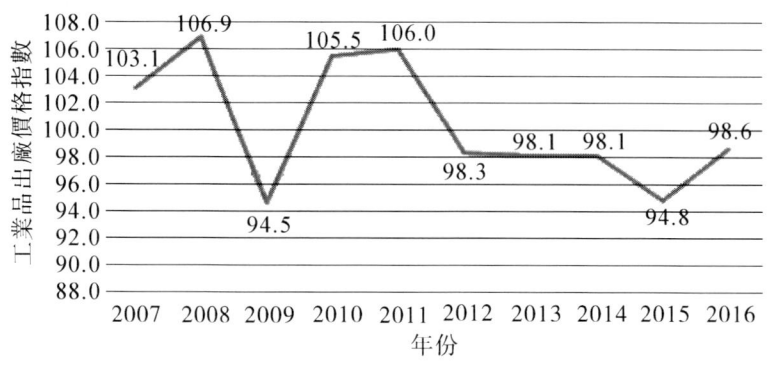

圖 1-4　2007—2016 年中國工業品出廠價格指數（PPI）年度走勢圖（上年 = 100）
數據來源：國家統計局。

現實中，擁有多餘資金的投資者是「理性的經濟人」，他們會選擇不同的投資方式和渠道。目前，擁有多餘資金的中國投資者可選擇的投資渠道主要有房地產、股票、債券、基金等。然而，近年來中國的股市、債市、房市均出現了較大的波動。對於股市而言，由於1996年後，中國股票市場經歷了長達10年的持續低迷，然後又經歷了2005—2007年的暴漲，2007—2008年的暴跌，2014—2015年的暴漲，以及2015—2016年的暴跌（見圖1-5）。股市的暴漲暴跌使得眾多中小投資者望「股」卻步。在此背景下，投資者客觀上需要金融機構開發能夠產生穩定收益的金融理財產品。

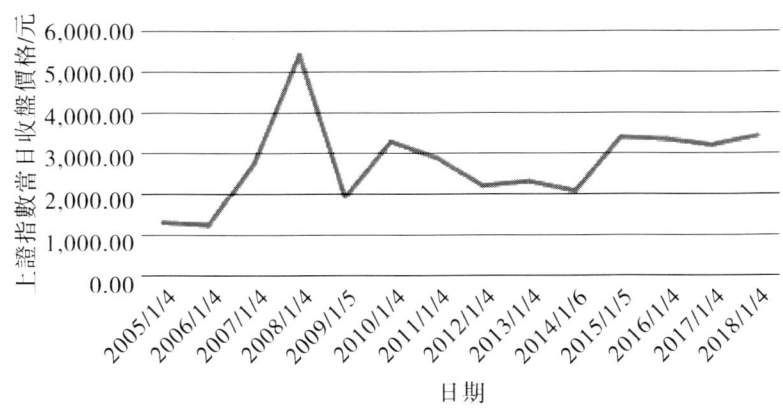

圖1-5　2005—2018年上證指數收盤價走勢圖

數據來源：同花順財經。

中國金融業的改革也成為推動中國金融理財產品發展的重要因素。改革開放後，中國金融業改革不斷深化，金融業中替代傳統業務的「金融脫媒」情況愈發明顯。特別是中國金融市場逐漸放開後，商業銀行競爭日趨激烈，商業銀行依靠存貸款息差收入維持高速發展的時代已經過去。商業銀行普遍亟須快速提升中間業務收入對其利潤的貢獻度。在這種情況下，不占用自有資本的理財中間業務自然成為各家商業銀行重點拓展的業務領域之一。商業銀行中間業務收入增長的「暈輪效應」也激勵其他類型金融機構效仿商業銀行的做法，紛紛將業務改革的重點轉向借助金融理財產品的開發來增加其中間業務收入。

對於資金需求方而言，金融理財產品屬於一種融資工具範疇。由於目前中國實行金融分業監管制度，企業的融資需求也還受到國家宏觀調控政策、金融監管政策，以及企業自身屬性等多種因素的影響。因此，作為資金需求方的企業開始探索利用金融理財產品實現自有項目的融資。以房地產業為例，由於近

年來國家陸續出抬了較為嚴格的房地產調控政策。特別是，2008年8月28日，由於中國人民銀行和銀監會發出通知，要求嚴格建設用地項目貸款管理和商業性房地產信貸管理，以金融促進節約集約用地。其中包括禁止向房地產開發企業發放專門用於繳交土地出讓價款的貸款等規定。這就使得房地產企業面臨融資難的局面。在此背景下，大量房地產企業開始借道金融理財產品融資，直接推動了金融機構增加理財產品的研發和供給。實踐表明，金融理財產品作為貸款利率市場化的產物，既可以為優質企業提供低成本的資金，也可以有效規避監管調控的「一刀切」問題。

金融理財產品的市場表現也是催生其快速發展的重要原因。如2008年6月18日民生銀行發售的「藝術品投資1號」理財產品，年化收益率達到12.75%，而同期限滬深300指數年平均漲幅為-6.54%；2010年9月，民生銀行發售的「黃金投資1號」理財產品在兩個多月的時間內獲得了年化收益率超過46%的高收益（持有期收益率為9.38%）。而同期限滬深300指數漲幅僅為8.29%，該收益率水準創造了近年來理財產品收益率的階段性新高。

這些金融理財產品在有效控制風險的同時，讓客戶獲得了較高的收益，因此也推動了金融理財產品市場的快速發展。

1.5　金融理財產品基本分類

隨著近年來中國金融市場理財業務的迅速發展，為了滿足客戶需求和適應資本市場的變化，金融機構陸續推出了種類繁多的金融理財產品。

從2018年4月27日中國人民銀行、中國銀行保險監督管理委員會、中國證券監督管理委員會、國家外匯管理局聯合印發的《關於規範金融機構資產管理業務的指導意見》（以下簡稱「資管新規」）中對資產管理產品的分類（詳見表1-1），我們也可以看到金融理財產品的基本分類和投資要求。「資管新規」中明確規定：「資產管理產品按照投資性質的不同，分為固定收益類產品、權益類產品、商品及金融衍生品類產品和混合類產品。」

表 1-1 「資管新規」關於資產管理產品的分類（部分）

資產管理產品分類	固定收益類產品	商品及金融衍生品類產品	混合類產品
投資要求	投資於債權類資產的比例不低於80%	投資於商品及金融衍生品的比例不低於80%	投資於債權類資產、權益類資產、商品及金融衍生品類資產且任一資產的投資比例未達到前三類產品標準

在中國金融理財產品的發展實踐中，我們一般可以按照投資者獲取收益的方式，將理財產品分為保證收益、保本浮動收益和非保本浮動收益理財產品；可以按照產品是否採取結構化設計，分為單一性和結構性理財產品；也可以按照產品的投資領域，分為貨幣市場類、資本市場類和產業投資類等類型的理財產品。除了上述分類，還可按照金融理財產品投資的幣種，以及流動性等方式對其進行分類（見表1-2）。目前，金融理財產品最常用的分類是按其收益和風險特徵分類。

表 1-2 金融理財產品的主要分類

分類標準	主要產品分類
投資者獲取收益方式	保證收益理財產品
	保本浮動收益理財產品
	非保本浮動收益理財產品
產品是否結構化設計	單一性理財產品
	結構性理財產品
產品投資領域	貨幣市場類理財產品
	資本市場類理財產品
	產業投資類理財產品
產品投資幣種	本幣理財產品
	外幣理財產品
風險特徵	高風險理財產品
	中風險理財產品
	低風險理財產品
產品流動性	定期封閉型理財產品
	開放型理財產品

1.5.1 按收益和風險特徵分類的理財產品

由中國銀行業監督管理委員會第三十三次主席會議通過，並於 2005 年 9 月頒布的《商業銀行個人理財業務管理暫行辦法》第十一條規定，按照客戶獲取收益方式的不同，商業銀行理財計劃可以分為保證收益理財計劃和非保證收益理財計劃。而其第十三條規定：非保證收益理財計劃又可以分為保本浮動收益理財計劃和非保本浮動收益理財計劃。

因此，按照投資者獲取收益方式差異，金融理財產品可主要分為保證收益、保本浮動收益和非保本浮動收益三大類。

1.5.1.1 保證收益理財產品

保證收益理財產品是指金融機構按照約定條件向投資者承諾支付固定收益，金融機構承擔由此產生的投資風險，或金融機構按照約定條件向投資者承諾支付「最低收益」並承擔相關風險，其他投資收益則由金融機構和投資者按照合同的約定進行分配，並共同承擔相關投資風險的產品。因此，保證收益理財產品又可以分為保本固定收益理財產品和保證最低收益理財產品兩大類（見圖1-6）。

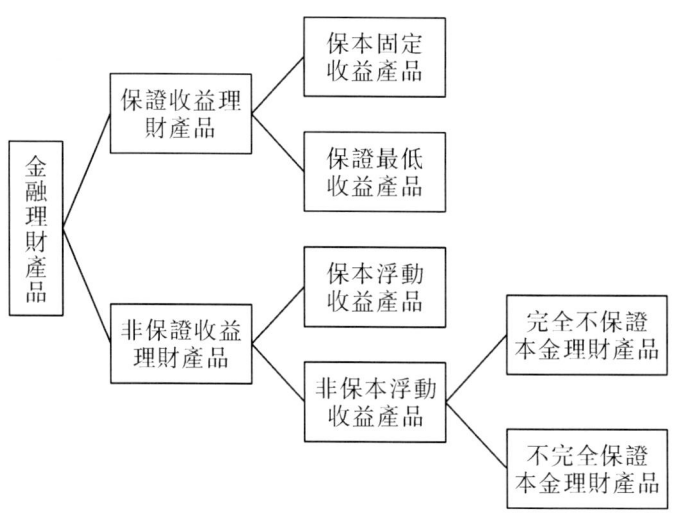

圖1-6 金融理財產品按收益和風險特徵的基本分類

（1）保本固定收益理財產品。保本固定收益理財產品是指金融機構按照理財合同約定的條件、方式向投資者支付約定的收益。保本固定收益理財產品

的合同條款簡單，金融機構到期時只需要按照事先與投資者的合同約定，向投資者支付約定的固定收益。但是投資者在同意獲取固定收益時，需要讓出一部分權利，這部分權利即為資金的控制權。

為此，開發保本固定收益理財產品的金融機構，通常會在理財產品合同中約定其在特定時間，或特定條件下，擁有提前終止產品的權利。這個權利也是投資者出售給金融機構的一個「期權」。金融機構為了購買這個「期權」，需要支付一定的期權費。與同期銀行存款產品相比，在期限和幣種等條件相同的情況下，保本固定收益理財產品的收益水準一般會高於同期銀行存款產品的利率水準。金融機構在購買「期權」時，需要支付的一定權利費用，而這種權利費用本質上是對投資者所面臨的再投資風險的對價補償。

商業銀行如果提前終止保本固定收益理財產品，投資者將面臨再投資風險。具體而言，投資者為了實現購買產品時與金融機構所確定的固定收益率，需要使保本固定收益理財產品提前終止。此後，再由金融機構按照投資者最初買入該類金融理財產品時所確定的收益率進行再投資。但是，由於各種原因，如果金融機構再投資產生的收益率低於事先與投資者所確定的收益率，投資者將面臨再投資風險。

2009年，交通銀行推出了系列保本固定收益理財產品，其投資者到期獲取的收益主要為「存款利息」和「期權費」之和（見表1-3）。然而，在某些特殊情況下，這類理財產品又可能出現收益水準低於存款產品利率水準的情況。在這種情況下，發行這類理財產品的金融機構通常會從自身聲譽角度考慮，選擇對投資者實行剛性兌付。

表1-3 交通銀行「本無憂」系列2009016號理財產品條款

產品代碼	X1912601
產品期號	X191262
投資幣種	人民幣
最低投資金額	50,000元人民幣，以10,000元人民幣為單位遞增
產品銷售期	2009年1月22日（交通銀行有權根據市場情況提前結束或延長銷售，如銷售期提前結束或延長則對投資起始日及投資到期日做相應調整。產品銷售結束後，不得撤銷）
投資期限	25天

表1-3(續)

投資起始日	2009年1月23日（最終以理財計劃成立日為準）
投資到期日	2009年2月17日（最終以理財計劃終止日為準）
計算理財收益基礎天數	365天
到帳日	理財產品到期後，交通銀行收到本理財計劃所投資信託計劃的受託人支付的信託利益後5個銀行工作日內為到帳日。銀行將不遲於到帳日支付理財應得本金和收益，投資到期日與資金實際到帳日之間不計利息
工作日	指中華人民共和國國務院規定的境內金融機構正常營業日
固定年化收益率	2.2%
銀行服務費	理財資金投資的實際收益率扣除信託費用和信託報酬後，超過固定年化收益率的部分即為銀行服務費
理財收益計算公式	理財產品收益＝投資本金×固定年化收益率×理財產品實際存續天數（理財產品實際存續天數為投資起始日至投資到期日之間的實際天數）/365
理財產品的本金及收益支付	交通銀行以收到的信託利益為限向客戶支付投資本金及收益
產品規模	上限為90萬元人民幣
本理財產品自收到客戶理財資金日起至投資起始日止，按照當時中國人民銀行公布的人民幣活期儲蓄存款利率計息	
提前終止權	在投資期內客戶不可提前終止本產品，銀行有權提前終止本產品
質押	本產品不可用於為向交通銀行申請貸款而提供的質押擔保
稅款	銀行不代扣代繳理財產品的稅款

數據來源：交通銀行官網。

（2）保證最低收益理財產品。保證最低收益理財產品指金融機構按照理財合同約定的條件和方式支付投資者最低固定收益與其他投資收益的理財產品。保證最低收益理財產品主要有兩個特點。第一，金融機構承諾最低收益，並且承擔獲取這部分收益帶來的風險；投資者對於本金和最低收益部分無須承擔風險。第二，其他投資收益由金融機構和投資者按照合同約定分配。

與保本固定收益理財產品相比，保證最低收益理財產品中金融機構承諾支付的固定收益通常低於保本固定收益理財產品。但是，保證最低收益理財產品存在獲取更高收益的機會。通常情況下，在保本固定收益理財產品中，投資者不需要承擔風

險，全部風險由金融機構承擔；而在保證最低收益理財產品中，金融機構承擔固定收益部分中的全部風險，投資者和金融機構共同承擔浮動收益部分的風險。

2017年11月17日，根據央行等五部門發布的《關於規範金融機構資產管理業務的指導意見（徵求意見稿）》：「金融機構為委託人利益履行勤勉盡責義務並收取相應的管理費用，委託人自擔投資風險並獲得收益……資產管理業務是金融機構的表外業務，金融機構開展資產管理業務時不得承諾保本保收益。出現兌付困難時，金融機構不得以任何形式墊資兌付。金融機構不得開展表內資產管理業務。」這就意味著金融機構開展的保證最低收益類理財產品即將退出歷史舞臺。

1.5.1.2 非保證收益理財產品

與保證收益類理財產品相比，非保證收益產品主要有兩大類：保本浮動收益理財產品和非保本浮動收益理財產品。

（1）保本浮動收益理財產品。保本浮動收益理財產品是指金融機構按照約定條件向投資者保證本金安全，本金以外的投資風險則由投資者承擔，金融機構依據實際投資收益情況確定投資者實際收益的理財產品。保本浮動收益理財產品屬於低風險類產品，金融機構以自己的信用和支付能力保證投資本金的安全。一般情形下，保本浮動收益理財產品中「保本」的主要內涵包括兩點，詳見表1-4。

表1-4　保本浮動收益理財產品中「保本」的內涵

「保本」的相關法規	內涵
2016年原銀監會頒布的《商業銀行理財業務監督管理辦法（徵求意見稿）》第十條（保證收益產品管理要求）保證收益理財產品中高於商業銀行本行同期儲蓄存款利率的保證收益或最低收益，應當是對客戶有附加條件的保證收益或最低收益。 前款所稱附加條件可以是對理財產品期限調整、幣種轉換、最終支付貨幣和工具的選擇權利等，附加條件產生的投資風險應當由客戶承擔	（1）在產品到期或者提前終止時保證本金安全，但在理財產品存續期間投資者提前贖回時不保證本金安全。投資者在理財期間提前贖回理財資金，可能存在本金損失。 （2）商業銀行只保證投資幣種的本金安全，但並不保證兌換成人民幣後的本金安全。投資者個人進行貨幣兌換產生的匯兌損失，並不屬於理財產品中的保本條款，投資者可能承擔匯率波動造成的本幣本金損失

保本浮動收益理財產品的收益水準主要取決於交易結構的設計。這類理財產品一般會根據投資標的的運行狀況或者所掛勾標的的走勢進行設計，並隨標

的資產波動狀況而波動。因此，在結構性理財產品中，理財產品的收益水準往往會隨掛勾標的的走勢而上下波動。

由於掛勾方式不同，保本浮動收益理財產品的收益率波動路徑也是多種多樣的。其中，有根據投資標的收益率波動方向正向或反向浮動的理財產品，也有根據投資標的收益率波動區間設計的累積收益理財產品等。

與保證收益理財產品相比，保本浮動收益理財產品的風險相對要高一些，其風險主要體現在收益水準的實現上。儘管保證收益理財產品與保本浮動收益理財產品的投資本金都由金融機構提供安全保證，其風險大致相同；但在收益率上，保證收益理財產品一般會鎖定到期收益或者保證最低收益；而保本浮動收益理財產品的收益水準則需要根據理財資金所投資標的資產的實際運行狀況來確定，因而在收益水準、收益實現等方面存在較大的不確定性。

目前，理財市場上還有一類保證最低收益的理財產品，即金融機構保證投資者的本金和最低收益率的安全，但對於最低收益率以上的收益部分並不保證。根據理財產品本金和收益的風險狀況來看，保證最低收益理財產品並不屬於保證收益理財產品，而屬於保本浮動收益理財產品。

以 2018 年 1 月錦州銀行推出的系列保本浮動收益產品為例，其投資者可獲得的預期最高年化收益率為 4.6%（見表 1-5）。投資者預期最高年化收益率＝理財產品投資收益率－銷售手續費率－託管費率，即按照產品最終的實際投資收益率計算得出。

表 1-5 錦州銀行保本浮動收益理財產品

產品名稱	「7777 理財」——創贏 1365 期 180 天人民幣理財產品
代碼	CY2018QX365180D
產品風險評級	R1（低風險）
適合投資者	經我行風險評估，評定為保守型、謹慎型、穩健型、進取型、激進型的個人投資者
期限	180 天
銷售地區	錦州銀行網點
投資及收益幣種	人民幣
產品類型	保本浮動收益理財產品
募集期	2018 年 1 月 10 日 15：00—2018 年 1 月 17 日 15：00

表1-5(續)

產品成立	錦州銀行有權結束募集並提前成立，產品提前成立時錦州銀行將發布公告並調整相關日期，產品最終規模以錦州銀行實際募集規模為準。如產品發行期結束未達到募集規模，錦州銀行有權不成立本產品，並於發行期結束後兩個工作日內將本金退還至投資者指定結算帳戶
起始日	2018年1月18日
到期日	2018年7月17日
資金到帳日	到期日或提前終止日後2個工作日內（如遇節假日順延）
理財產品託管行	興業銀行股份有限公司
託管費率（年）	0.005%
預期收益率測算	產品到期後，扣除我行理財銷售手續費、託管費等費用，投資者可獲得的預期最高年化收益率為4.6%，即投資者預期最高年化收益率＝理財產品投資收益率－銷售手續費率－託管費率
認購起點金額	5萬元起購，以1萬元的整數倍遞增
提前終止權	投資者無權提前終止該產品；錦州銀行有權按照產品實際投資情況提前終止該產品，錦州銀行將在提前終止日前3個工作日發布信息公告
募集期是否允許撤單	本理財產品在募集期內允許撤單
收益計算方法	正常到期：預期期末收益＝投資本金×預期年化收益率÷365×存續期限，提前終止時：預期期末收益＝投資本金×預期年化收益率÷365×實際存續天數

數據來源：錦州銀行官網。

（2）非保本浮動收益理財產品。非保本浮動收益理財產品是指金融機構根據約定條件和實際投資收益水準向投資者支付收益，且不保證投資者本金安全的理財產品。根據本金的保障程度，非保本浮動收益理財產品又可分為不完全保證本金和完全不保證本金兩類非保本形式。

不完全保證本金是指金融機構保證理財產品投資者部分本金的安全，即對理財產品投資者的本金損失設定了底線，投資者本金不會全額損失。在近年的理財產品案例中，類似於保證90%的本金安全的理財產品就屬於典型的不完全保本類型的理財產品。

完全不保證本金則是指金融機構不對理財產品投資者本金做出任何保證承諾，理財產品投資者的安全程度完全取決於交易結構下理財產品資產的運行狀

況。在一些投資風格激進的理財產品交易結構中，投資者甚至有可能會損失全部理財產品投資本金。

相對於保本固定收益、保本浮動收益理財產品中金融機構對於投資者本金的保證，非保本浮動收益理財產品的投資本金面臨著較大的風險。與保證收益理財產品相比，非保本浮動收益理財產品的本金安全和收益水準都存在著不確定性。

在風險方面，非保本浮動收益理財產品高於保證收益理財產品；在收益方面，非保本浮動收益理財產品的收益水準可能會高於保證收益理財產品。非保本浮動收益理財產品與保本浮動收益理財產品相比，差別主要體現在本金的保障與風險程度上。保本浮動收益理財產品由理財產品發行金融機構保證本金安全，而非保本浮動收益理財產品則存在本金損失的風險。

但是，央行等五部門於2017年11月17日發布的《關於規範金融機構資產管理業務的指導意見（徵求意見稿）》中第二條規定：「資產管理業務是金融機構的表外業務，金融機構開展資產管理業務時不得承諾保本保收益。出現兌付困難時，金融機構不得以任何形式墊資兌付。金融機構不得開展表內資產管理業務。」

由此可見，非保本浮動收益理財產品是未來金融理財產品的主流。以招商銀行推出的年年享4號非保本浮動收益理財產品為例。該產品不保證本金，且收益隨投資收益浮動，不設止損點，投資者投資風險相對較高（詳見表1-6）。

表1-6　招商銀行非保本浮動收益理財產品

名稱	招商銀行年年享4號理財計劃（產品代碼：107114）
理財幣種	人民幣
本金及理財收益	本理財計劃不保證本金，收益隨投資收益浮動，不設止損點
理財期限	30年
提前終止	本理財計劃有可能提前終止
理財計劃份額	理財計劃份額以人民幣計價，單位為份
理財計劃份額面值	每份理財計劃份額面值為人民幣1元
理財計劃份額淨值	理財計劃份額淨值隨投資收益變化，招商銀行在每個工作日計算理財計劃單位份額淨值並於該工作日後第1個工作日內公布，理財計劃份額淨值有可能小於1元人民幣

表1-6(續)

發行規模	發行規模下限為3億元，發行規模上限為100億元
認購費率	本理財計劃不收取認購費
認購起點	認購起點為10萬份，超過認購起點部分應為1百份的整數倍
固定投資管理費率	對本理財計劃招商銀行收取固定投資管理費，年費率為0.30%
銷售費率	對本理財計劃招商銀行收取銷售費，年費率為0.30%
申購和贖回	本理財計劃在申購贖回期的9：00至22：00開放申購和贖回
申購費率	本理財計劃不收取申購費
贖回費率	本理財計劃不收取贖回費
託管費率	對本理財計劃招商銀行收取託管費，年費率為0.1%
認購期	2018年1月15日9：00到2018年1月24日17：00，認購期內認購資金按銀行活期利率計息
認購登記日	2018年1月25日
成立日	2018年1月25日
到期日	2048年1月25日，逢假期順延。實際產品到期日受制於提前終止條款和延期條款
計息基礎	實際理財天數/365
估值日	本理財計劃存續期內，招商銀行於每個理財計劃工作日計算理財計劃單位份額淨值，並於該工作日後第1個工作日內公布
清算期	認購登記日到成立日期間為認購清算期，贖回交易日或到期日（理財計劃實際終止日）到理財資金返還到帳日為還本清算期，理財資金在認購清算期和還本清算期內不計付利息。清算期逢節假日順延
購買方式	在理財計劃認購和申購期內，個人投資者（僅包括招商銀行私人銀行客戶、鑽石客戶和招商銀行認定的高淨值客戶）可通過招商銀行當地營業網點或招商銀行財富帳戶、個人銀行專業版、大眾版或招商銀行認可的其他方式認購、申購本理財計劃
節假日	中國法定公眾假日
工作日	除去週六、週日及節假日的日期
對帳單	本理財計劃不提供對帳單

表1-6(續)

稅款	本理財計劃運作過程中涉及的各納稅主體，其納稅義務按國家稅收法律法規執行。除法律法規特別要求外，投資者應繳納的稅收由投資者負責，產品管理人不承擔代扣代繳或納稅的義務。理財計劃營運過程中發生的應由理財計劃承擔的增值稅應稅行為，由本產品管理人申報和繳納增值稅及附加稅費，該等稅款直接從理財計劃中扣付繳納

數據來源：招商銀行官網。

1.5.2 按交易結構特徵分類的理財產品

按照理財產品的交易結構特徵設計，可以將其分為單一性理財產品（或稱普通理財產品）和結構性理財產品。單一性理財產品交易結構設計簡單，其「單一」主要體現在投資標的上。這種理財產品單一投資於票據、債券、貨幣市場和信託計劃等；結構性理財產品相對複雜，其中嵌入了各種衍生金融產品，其目的在於為投資者提供多樣化的投資選擇（見圖1-7）。

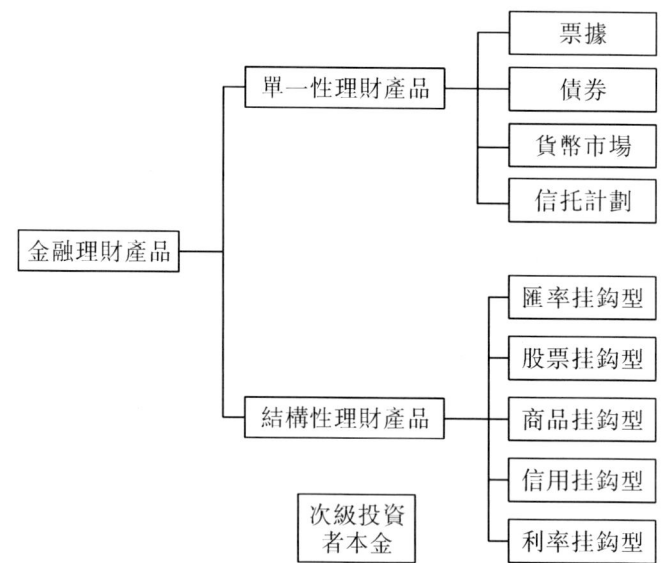

圖1-7　金融理財產品按結構特徵分類

1.5.2.1 單一性理財產品

單一性理財產品是指金融機構只是將募集的理財資金投資於相關標的市場，本金和收益直接來自同一類資產或資產組合的理財產品。由於該類產品結

構設計簡單，單一性理財產品在理財市場中較為普遍。需要注意的是，單一性理財產品並不是指其投資領域單一，而是指理財產品的交易結構中未嵌入金融衍生品。

在單一性理財產品中，對於本金和收益分配的優先級與次級收益權結構化的設計，與理財產品交易結構的單一性並不矛盾。本金與收益分配的優先級與次級收益權結構主要表現在理財資金和財產的分配方面，而交易結構的單一性和結構性則體現在理財資金的運用上。在優先級與次級收益權結構的理財產品中，本金和收益在分配方面存在優先和劣後次序，分配原則通常如圖 1-8 所示。

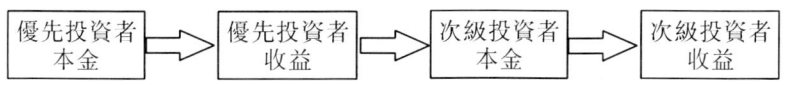

圖 1-8　優先與次級收益權結構的理財產品分配

「單一性理財產品」模式主要運用於信託計劃、私募基金、債券以及證券集合理財產品等投資標的具有較高風險的理財產品中。優先級與次級結構的設計原理是將投資者分層，不同層次的投資者對應不同的收益和風險水準。

其中，優先級一般為普通投資者，次級則多為發起並管理產品的投資機構，或者其他風險承受能力較強的投資者。在實踐中，一些理財產品的設計和管理人也涉足自己設計和管理理財產品的劣後收益權，以顯示自己對於理財產品的投資信心。由於次級投資者的本金主要用於保證優先投資者的資金安全，因而優先級和次級投資者投入的資金具有一定的比例安排。投資標的風險越高，要求劣後受益人投入的資金比例也就越高。也就是說，在風險既定的情況下，劣後受益人投資佔比越高，優先受益人承受的風險也就越低（案例詳見表 1-7）。

表 1-7　中國建設銀行次級收益型理財產品基本信息

發行銀行	中國建設銀行	
產品名稱	「中國建設銀行財富 3 號」6 期股權投資類人民幣理財產品（次級收益類）	
委託期限	起息日	2009 年 4 月 29 日
	到期日	2014 年 4 月 28 日
投資幣種	人民幣	

表1-7(續)

基礎資產	1. 通過中國對外經濟貿易信託有限公司成立「建銀3號」股權投資基金資金信託主要投資於中國境內優質的擬上市企業股權、股權收益權、公眾公司的定向增發等； 2. 閒置資金可投資於銀行存款、貨幣市場基金、新股申購和債券回購，以及可轉債和上市公司再融資、短期借款、信貸資產轉讓等高流動性、低風險金融產品
支付條款	1. 由優先收益類產品和本產品共同構成「建銀3號」的投資收益予以決定； 2. 優先收益類規模不超過次級收益類規模的4倍，即每4份優先收益類產品至少有一份次級收益類產品提供本金及收益保障
流動性條款	銀行有提前終止權，客戶無提前贖回權
收益類型	非保本浮動收益型
評價結果	產品具體投資方向不明確，未予評價
產品結構優劣分析	優點	投資收益上不封頂，信託投資獲益時，該產品將獲得超額收益的主要部分，優先收益類產品只能獲得本金和既定的收益
	缺點	1. 屬於次級收益類產品，需對優先受益人提供本金和收益保證，產品不保本，極端情況下可能損失本金，投資風險較大，適合風險偏好型投資者； 2. 投資者無提前贖回權，存在流動性風險

數據來源：中國建設銀行官網。

1.5.2.2 結構性理財產品

結構性理財產品是金融市場與金融技術結合的產物，是理財市場中為投資者提供理財服務的重要理財工具。結構性理財產品的發展可分為傳統型理財產品和現代型理財產品兩個階段。傳統型理財產品主要指可轉債、權證等，其結構和交易機制相對簡單。現代型理財產品產生於20世紀80年代初期，在20世紀90年代出現了爆炸式增長，其產品結構可以描述為「固定收益證券+衍生產品」。《福布斯》雜誌曾經把結構性產品稱為「do it yourself derivatives」（自己動手做的衍生品），這充分說明了結構性產品具有靈活性、多樣性和複雜性的特點。

1. 結構性理財產品基本要素

結構性理財產品主要包括三個最基本的要素：固定收益證券、掛鈎標的和衍生產品。任何一款結構性理財產品都可以通過這三個基本要素進行分析。

（1）固定收益證券。固定收益證券是結構性理財產品的主體部分，通常用於保證理財產品全部本金或者部分本金的安全。結構性理財產品對投資者的

本金保障可以根據投資者的需求而具體設定，主要包括四種情況：完全不保本、不完全保本、完全保本以及保證最低收益。上述保本目標是由固定收益證券及其投資收益來實現的。通常，結構性理財產品所投資的固定收益證券類型包括債券、銀行存款、貨幣市場基金等風險較低的資產類型。

為了滿足投資者對投資期間內現金流的要求，部分結構性理財產品採取了分期付息的方式，尤其是對於那些期限較長的保本型理財產品。零息債券形式結構比較簡單明瞭，便於標準化發行、交易，因此多數固定收益證券投資都採用零息債券的形式。

此外，固定收益證券的收益率、期限、付息方式等要素，對結構性理財產品的結構及收益水準影響較大。固定收益證券的收益高，將提高結構性理財產品的保本率、參與率，改善其收益結構，增加產品的吸引力。最理想的情況是使結構性理財產品的期限與固定收益證券的期限相近。若不滿足這一條件，結構性理財產品應通過選擇其他類型的投資品種來進行交易結構設計。而且，所選擇的投資品種的付息方式應與結構性理財產品的付息方式相協調。

（2）掛勾標的。結構性理財產品的掛勾標的主要有股票價格、股票指數、匯率、利率、信用、商品價格與指數、其他標的資產的價格與指數，以及氣候、自然災害等特殊事件的發生。掛勾標的的選擇決定了理財產品的風險，影響結構性產品收益的支付。

（3）衍生產品。衍生產品選擇是結構性理財產品設計中最重要的一環，它最終決定了結構性理財產品的收益水準和風險特徵。目前，結構性理財產品所用的衍生產品大多是「期權」，其次是「遠期」和「互換」。從結構性理財產品所運用的期權種類來看，最常見的期權如看漲期權、看跌期權、兩值期權、障礙期權、分階段期權、彩虹期權，以及利率上下限期權等。結構性理財產品所用的期權種類正在不斷增加，其中各類期權中又有多種變化的期權類型。

2. 結構性理財產品分類

從理論上來說，可能構造出的結構性理財產品數量是無限的。由於結構性理財產品的靈活性和兼容性，市場對於如何對其分類也沒有統一的標準。通常最簡單的方式是按照結構性理財產品掛勾標的的資產進行分類。根據標的資產的不同，結構性產品主要分為以下幾類：利率掛勾型結構性產品、匯率掛勾型結構性理財產品、股票掛勾型結構性理財產品、商品掛勾型結構性理財產品和

信用掛勾型結構性理財產品等。

（1）利率掛勾型結構性理財產品。利率掛勾型結構性理財產品的收益率與設定的利率指標走勢相聯繫，這類產品是基於對短期利率未來走勢的預期而進行的較長期限的管理。利率掛勾型結構性理財產品又可以大致分為利率遠期的結構性衍生產品和利率期權的結構性衍生產品。投資者可以根據這些產品與利率走勢的關係進行投資。其一般操作方法是：銀行與投資者事先約定，在一個理財產品存續期限內，如 3 個月，當 LIBOR 值落於約定的範圍，投資者可獲得某個約定的收益率。目前，境內的利率掛勾混合型理財產品主要以與銀行間同業拆借利率掛勾的產品為主，境外的利率掛勾混合型理財產品又以與美元計價的倫敦市場銀行間隔夜同業拆借利率（LIBOR）和香港銀行間隔夜同業拆借利率（HIBOR）掛勾最為常見（案例見表 1-8）。

表 1-8　渣打銀行保本型利率掛勾投資產品 MALI08029R

發行銀行	渣打銀行			
產品名稱	保本型利率掛勾投資產品 MALI08029R			
委託期限	起息日	2008 年 5 月 28 日		
	到期日	2009 年 2 月 2 日		
預期最高收益率	5.00%	投資幣種		人民幣
基礎資產	3 個月美元 LIBOR			
支付條款	投資年化收益 = 5.00% * (n/N)； n = 在收益計算週期內，掛勾利率落在計息區間的實際天數； N = 整個收益計息週期的總天數 計息區間為 [0%，5%]			
流動性條款	客戶無提前贖回權			
收益類型	保本浮動收益型、按日計息區間型			
評價結果	期望收益率	4.26%	超額收益率	0.48%
	最差值 （95% VaW）	0.03%	最佳值 （5% VaB）	5.00%
產品結構優劣分析	優點	產品結構設計簡單，計息區間較寬，因此最終收益穩定； 持有到期，則保證 100% 本金安全		
	缺點	產品潛在收益較低，適合要求較低風險的投資者； 有利率風險		

數據來源：渣打銀行官網。

（2）匯率掛勾型結構性理財產品。匯率掛勾型結構性理財產品是一種結合外幣定期存款與外匯選擇權的投資組合商品。這類產品的收益率與國際市場上某兩種貨幣間市場匯率的未來走勢掛勾，具有風險較大、收益較高、期限較短的特點。市場上與匯率掛勾的結構性產品包括兩種結構：貨幣相關結構和雙貨幣結構。

貨幣相關結構是指在傳統的固定利率證券的息票或本金構成中，通過引入遠期或期權的方式來規避貨幣波動中的特定風險。其基本操作為：銀行與投資者約定，如果收益支付日的實際匯率在約定參考匯率範圍內，則按照預先訂立的高利率計算收益；如果收益支付日的實際匯率超出約定的參考匯率範圍，則按照預先約定的低利率計算收益。

雙貨幣結構性產品是結構性產品的一個特殊類別，投資者在投資一定期限定期存款的同時，賣出相同期限的貨幣期權，總收益由定期存款收益和期權費收入組成。這類產品在產品購買時採用的貨幣與到期支付的本息所採用的貨幣可能不同。具體來說，雙貨幣結構性產品是投資者將到期提取本金的貨幣選擇權交付給銀行，投資者可獲得銀行支付的期權費，從而在到期時可以獲得利息收入和期權費收入的一種投資組合。首先投資者要選定產品購買時採用的貨幣，同時還須選擇另一種有可能獲得的掛勾貨幣，銀行會根據投資者所選擇的那組貨幣即時報出一個協定匯率。期權到期之日，銀行會按協議約定將當時的參考匯率同協定匯率比較，決定以產品購買時採用的貨幣還是掛勾貨幣支付產品本金、稅後收益和期權費，並且確定最後的收益回報（案例見表1-9）。

表1-9　恒生銀行2個月美元兌港幣匯率掛勾人民幣保息結構型投資產品

發行銀行	恒生銀行		
產品名稱	2個月美元兌港幣匯率掛勾人民幣保息結構型投資產品		
委託期限	起息日	2009年9月25日	
	到期日	2009年11月25日	
預期最高收益率	2.9%	投資幣種	人民幣
基礎資產	美元兌港元匯率		
支付條款	期末美元兌港元匯率落於區間［7.745，7.855］，投資者將獲得2.9%的年化收益率； 期末美元兌港元匯率溢出區間［7.745，7.855］，投資者將獲得0.72%的年化收益率； 提前贖回需支付一定的費用		

表1-9(續)

流動性條款	帶贖回費用的客戶提前贖回權			
收益類型	保本浮動收益型、觀察日表現參考區間型			
評價結果	期望收益率	2.1%	超額收益率	0.39%
	最差值（95% VaW）	0.72%	最佳值（5% VaB）	2.9%
產品結構優劣分析	優點	產品持有到期則保證本金，且在不利的情況下也能獲得0.72%的收益（年）率；產品結構設計簡單，設置較寬區間，收益率穩定		
	缺點	產品的潛在收益不高；產品提前贖回要付費用		

數據來源：恒生銀行官網。

（3）股票掛勾型結構性理財產品。股票掛勾型結構性理財產品是指產品的收益依附於某一股票或者股票指數未來運動趨勢的結構性工具。股票掛勾型結構性理財產品的風險限於利息部分，投資者的本金受到保護，一般是以投資固定收益買入特定股票期權，當市場的發展有利於投資者時，可以享有較高的利潤；當發展不利於投資者時，僅損失固定收益，不影響本金。在亞洲零售結構性產品市場上，股票連接類產品是受歡迎的投資工具之一。在中國市場上，由於多方面的原因，股票連接類產品的發行一直受到限制，但在2007年，由於證券市場行情向好，這類產品發行數量呈現較快增長。案例見表1-10。

表1-10 花旗銀行1年期
掛勾香港上市股票指數基金人民幣混合型理財產品

發行銀行	花旗銀行		
產品名稱	1年期人民幣結構型投資帳戶：掛勾6大香港上市股票相對指數基金的表現		
委託期限	起息日	2009年2月25日	
	到期日	2010年2月25日	
預期最高收益率	8.6%	投資幣種	人民幣
基礎資產	中國移動有限公司、中國電信股份有限公司、中國石油化工股份有限公司、中國石油天然氣有限公司、紫金礦業股份有限公司和中國神華能源有限公司的股票，被稱為「掛勾股票」。指數基金為盈富基金（2800 HK）（「掛勾指數基金」）		

表1-10(續)

支付條款	「最差掛勾股票」指6個掛勾股票中觀測表現最差的股票。若6個掛勾股票中觀測表現最差的股票有2個或以上,即觀測表現相同,則計算代理將酌情決定其中1只為最差掛勾股票。 「最差掛勾股票表現」指最差掛勾股票的觀測表現。 「相對於指數基金的優異表現」指最差掛勾股票表現減去掛勾指數基金的觀測表現後的差額。 到期投資收益率按以下方法計算:在最後估值日, ①相對於指數基金的優異表現≥0%,則到期投資收益率=8.6%; ②相對於指數基金的優異表現<0%,但≥-5%,則到期投資收益率=1%; ③相對於指數基金的優異表現<-5%,但≥-10%,則到期投資收益率=0.5%; ④相對於指數基金的優異表現<-10%,則到期投資收益率=0%
流動性條款	客戶無權提前終止該產品
收益類型	保本浮動收益型、相關型
評價結果	期望收益率 0.98% 超額收益率 -1.53% 最差值(95% VaW) 0.00% 最佳值(5% VaB) 8.6%
產品結構優劣分析	優點:本產品到期,保證100%本金安全;雖然獲得收益的概率較小,但產品的潛在收益較高 缺點:產品投資期限為1年,且客戶無贖回權,故產品流動性不高

數據來源:花旗銀行官網。

(4)商品掛勾型結構性理財產品。商品掛勾型結構性理財產品是將理財產品收益與商品掛勾,掛勾商品標的可以是貴金屬、農產品、能源產品等期貨合約或者商品指數基金。這些商品一般是在國際上有相應的市場價格指數,或者期貨產品的商品。最常見的掛勾商品就是黃金和原油。近年,市場上還出現了與酒類商品掛勾的結構性理財產品(詳見表1-11)。

表1-11 中國工商銀行「君頂酒莊」信託收益權理財產品基本信息

產品名稱	「君頂酒莊」信託收益權理財產品		
發行銀行	中國工商銀行		
委託期限	起息日	2008年7月10日	
	到期日	2010年1月10日	
預期最高收益率	8%	投資幣種	人民幣

1 金融理財產品概述 | 25

表1-11(續)

基礎資產	君頂酒莊葡萄酒產品有「東方」「尊悅」「天悅」三個系列
支付條款	其理財收益有如下兩種實現方式： 葡萄酒裝瓶後，客戶可向中國工商銀行提出紅酒消費申請，當客戶消費後，除得所消費紅酒，還將獲得折合年化約為8%的紅酒實物收益率； 理財產品到期時，投資者選擇以現金方式分配理財收益，君頂酒莊將回購未行權的紅酒，回購價格為年化8%的收益率，中糧集團旗下中糧酒業將為該回購行為提供擔保
流動性條款	銀行、客戶均無權提前終止該產品
收益類型	非保本浮動收益型、實期結合型

數據來源：中國社會科學院金融研究所金融產品中心。

因內嵌了商品遠期或期權，商品掛勾型結構性理財產品收益的確定以掛勾商品要素的市場價格在未來的波動方式及其波動結果為基礎。這類產品為投資者提供了一種以較低成本對沖商品價格波動的工具。

由於貴金屬、原油、農產品等商品具有較好的抗通脹功能，普通投資者可以通過掛勾商品型理財產品佈局商品市場抵禦通貨膨脹。以2010年民生銀行自主研發的「非凡資產管理黃金投資1號理財產品」為例，由於民生銀行金融市場部投資管理團隊對黃金市場研究深入，對黃金價格走勢研判準確，建倉時機、平倉時機把握得當，該產品的建倉成本價格不足256元/克（加各種成本後建倉價約為259.33元/克），基本是本輪黃金價格調整的最低點。在標的黃金價格達到觸發價格時，按照合約約定，分兩次全部提前終止，黃金投資1號提前終止，產品最終年化收益率分別高達47.38%和46.46%。

儘管這類產品的收益率較高，但風險也相對較大，適合對選定的掛勾標的物的波動趨勢有深入的瞭解，或者其公司的實際經營背景與該商品市場有著密切的聯繫的投資者。投資者購買掛勾商品型產品時一定要注意產品高收益的觸發條件，切不可把預期最高收益率誤以為實際收益率。

(5) 信用掛勾型結構性理財產品。信用掛勾型結構性理財產品是結構性產品市場中比較新的一類工具。該類產品的特點在於內嵌信用衍生產品如期權、互換等，一般針對傳統的貸款違約事件，譬如破產、拒付、信用降低等，從而使投資人能夠根據連接標的的價值變動、信用價差或違約風險來獲取收益。

從市場上現有的產品來看，掛勾信用的種類主要包括國家信用和企業信

用。因為這些信用都是以國家或者企業所發行的各種債券作為具體表現形式的，所以結構性產品的收益也就通過掛勾債券與相應的信用風險密切地聯繫在一起。

　　結構性產品除了按照產品的掛勾標的分類外，還可以按照產品的收益和風險特徵來分類。其中按照收益特徵可分為固定收益型、浮動收益型（含保證最低收益型）；按照風險特徵可分為保本型和非保本型。

2 國內外金融理財產品研究綜述

2.1 國外金融理財產品研究的主要成果

20 世紀以來，國外學者將對理財問題的研究分為公司理財與個人理財兩大板塊。前者以美國斯隆管理學院的羅斯教授、南加利福尼亞馬歇爾商學院威斯特菲爾德教授，以及美國賓夕法尼亞大學沃頓商學院的杰富教授為代表。他們合著的《公司理財》教材已經出版 9 次，該教材涵蓋了公司財務管理的所有問題，包括資產定價、投資決策、融資工具和籌資決策、資本結構和股利分配政策、長期財務規劃和短期財務管理、收購兼併、國際理財和財務困境等，第 9 版中還新增了有關公司股票和債券的內容。後者以佛羅里達亞特蘭大大學金融系教授杰夫·馬杜拉為代表。其在代表性著作《個人理財》中對個人理財規劃工具、個人融資、個人投資、如何管理流動性、遺產規劃、退休規劃等問題進行了深入研究。隨著金融市場改革的不斷深化，國外學者對金融理財產品也進行了大量的研究。通過對相關研究文獻的梳理，筆者將其歸納為如下內容：

Newswire（2015）基於地理位置的全球財富管理市場的發展狀況以及增長前景、市場領先集團的狀況，推斷不斷增長的需求是全球財富管理市場增長的關鍵驅動力，該市場到 2019 年將以近 10% 的快速複合年增長率增長。同時，研究認為在這一過程中，SWIFT（全球銀行間金融電信協會）服務的廣泛使用將有助於增加客戶保護和金融系統的穩定性。Chang（2016）利用層次分析法對 2007 至 2008 年受全球金融危機影響的財富管理銀行的財務績效進行了研究。研究表明消費者信心、風險控制和服務是一些銀行評估的三大關鍵因素。

2.2 中國金融理財產品相關研究

2.2.1 關於金融理財產品分類的研究

郭田勇、陸洋（2008）按照投資方式與方向的不同，將銀行理財產品分為5個流派，即打新股產品、債券類理財產品、結構性理財產品、信託類理財產品、QDII理財產品。梁灘清（2011）認為應根據理財產品本金與收益是否有保證，將銀行理財產品分為保本固定收益產品、保本浮動收益產品與非保本浮動收益產品3類。上海國際金融中心研究會、上海市職業能力考試院（2011）編著的《金融理財基礎》一書按照發行理財產品的金融機構對金融理財產品進行了詳細分類。郭江山（2012）將中國金融機構理財業務分為銀行性金融機構理財業務和非銀行性金融機構理財業務。艾正家（2013）編著的《金融理財學》一書按照金融市場歸屬將理財產品主要分為貨幣市場理財產品、資本市場理財產品、金融衍生品市場理財產品。

2.2.2 關於金融理財產品設計的研究

劉坤（2006）以中國某商業銀行一款固定收益型人民幣理財產品為例，對其產品設計原理、產品特點、產品成本收益以及各種風險特徵和防範措施進行了全面分析，指出銀行在該類產品設計時依據無風險套利模式的不可持續性，並提出了改進產品設計的基本模式。他還結合最新的銀行理財業務監管方面的法規，對銀行固定收益型人民幣理財產品的設計提出了改進建議。

陳丹（2007）研究了資產轉讓型信託理財產品的收益、風險、設計與實踐特徵。陳博（2008）研究了結構型銀行理財產品定價與設計。朱建冬（2008）研究了面向中國工薪階層的銀行個人理財產品設計問題。他根據工薪階層真實的理財需要設計新的理財步驟，主張用個人/家庭生命週期理論來替代以往研究中常用的簡單的個人生命週期理論，提出了中國銀行在為工薪階層提供個人理財服務時必須注意的幾個關鍵要素。唐丹（2009）研究了中國商業銀行匯率掛勾型結構性理財產品的設計問題。他在對中國匯率掛勾型結構性理財產品目前的市場基本情況進行統計分析的基礎上，對產品設計的原理、基本要素、設計流程、定價方法，以及商業銀行進行結構性產品創新設計的收益

風險進行了分析，並結合中國匯率掛勾型結構性理財產品目前常見的三種不同收益形式，對設計結構進行了探討。王樹林、張朕璽（2011）研究了針對投資者群體特點的理財產品設計問題。

劉遠昌（2011）研究了商業銀行理財產品組合設計與風險管理問題。陳宏宇（2011）實證研究了通貨膨脹環境下中國商業銀行理財產品設計。林鷺艷、孟昆霖（2010）研究了銀行理財產品設計及收益的影響因素分析。崔海蓉、何建敏、胡小平（2012）研究了規避通脹風險的結構性理財產品設計與定價。任敏（2012）研究了股票掛勾型結構性理財產品設計與定價問題。劉學穎（2010）對銀行結構型理財產品設計進行了研究。他詳細分析了銀行結構型理財產品的設計流程和設計要素並闡述了在產品設計過程所應用的產品組合分解和整合技術，並以內嵌亞式期權的多標的股票掛勾型產品為例，運用蒙特卡洛模擬的數值方法，分析了銀行結構型理財產品的定價思路。

王月溪、陳宏宇（2012）實證研究了基於人民幣匯率雙向浮動背景下的掛勾美元指數理財產品設計。辛煒（2018）從股指掛勾型理財產品的含義、分類、設計基本思路及原理入手，運用蒙特卡洛模擬法對華夏銀行發行的一款滬深300指數掛勾保本型理財產品的定價設計進行了研究。在產品的定價部分，他分別對固定收益部分及期權部分定價。在固定收益部分中，他主要採用了貼現方法。

2.2.3 關於金融理財產品運作模式的研究

胡雲樣（2006）分析了不同類型銀行個人理財產品的性質，認為商業銀行個人理財產品具有儲蓄、信託、委託-代理三類不同的性質，而不僅僅是銀監會定義的一種委託代理性質。在此基礎上，他還探討了因理財性質的不同所形成的商業銀行對客戶相互矛盾的理財行為，雙方風險與收益的博弈關係。陳赤（2008）將銀行與信託公司合作開發理財產品視為金融理財產品創新的典型路徑。劉毓（2008）從商業銀行理財產品的模式變遷入手，提出了制約銀行理財產品進一步發展的兩個瓶頸因素：一是理財產品進入資本市場的合規性問題尚未根本解決，二是理財產品的創新生產平臺亟待建立。研究認為從長期看，政策制約因素是理財產品開發的階段性和外生性影響因素，產品開發和生產能力上的不足才是根本性和內生性的影響因素。在借鑑國際經驗的基礎上，該研究指出中國商業銀行理財產品業務發展的目標應是成為人民幣理財產品的

生產商和做市商。

徐晶（2010）研究了中國商業銀行個人理財產品運作模式。楊志奇（2012）對第三方理財產品市場在中國金融理財市場的興起做了分析總結，對其盈利模式及監管構架進行了概述，並提出了第三方理財產品市場的發展對策。

2.2.4 關於金融理財產品創新的研究

汪德晟（2006）通過對金融創新的動因理論和其他創新相關理論的分析，研究了中國商業銀行個人理財產品創新的動因和影響。針對大連民生銀行個人理財產品創新管理架構不完善、專業人才短缺、風險控制能力落後和科技發展滯後的現實，從創新能力、市場操作、風險控制和整合管理四個方面剖析了大連民生銀行個人理財產品創新中存在的問題，提出了各項完善對策和推進銀行個人理財產品創新的具體措施。曹淑杰（2007）在考察中國人民幣理財產品發展歷程，對市場上繁多的理財產品進行歸類梳理的基礎上，結合近年來該領域的創新產品及發展趨勢，對商業銀行個人人民幣理財產品的創新特徵進行了歸納總結。

勾鳳梅（2010）總結了近年來中國商業銀行理財產品創新的狀況和創新的領域，並就其中存在的問題以及問題產生的原因進行了分析。她認為近年來中國商業銀行理財產品創新主要分為投資幣種的創新、產品期限的創新、產品掛鈎概念的創新、投資結構的創新、收益設計的創新、產品個性化的創新幾個方面；同時還重點分析了中國商業銀行理財產品創新的領域，即新股申購類、銀信合作類和QDII類理財產品。董麗、陳宇峰及王麗娟（2010）對在全球經濟復甦中，漸受關注的碳金融理財產品做出了分析，並提出碳金融理財產品對商業銀行的形象樹立、戰略轉型、低碳理念的傳播有著積極作用，並對其制約因素提出對策建議。

2.2.5 關於金融理財產品風險轉移與傳導機制的研究

徐慶宏等（2009）研究了次貸危機的背景下，三種類型商業銀行理財產品的風險轉移與傳導機制，並指出在全球金融動盪的背景下，商業銀行應從理財產品設計和營銷服務過程加強和完善理財業務的風險管理控制。

馬俊勝（2010）將銀行理財產品創新過程中所面臨的風險歸納為三類：法律風險、監管風險和操作風險，並對其進行了詳細闡述。

2.2.6　關於銀行理財產品與各種經濟因素之間的相關性研究

宋琳（2005）分析了美國金融產品對利率市場化的作用，揭示了人民幣理財產品對中國利率市場化的影響。胡斌等（2006）指出由於利率風險因子的缺失，商業銀行無法為客戶提供風險梯度完整的理財產品，也無法進行有效套期保值工作和風險管理工作。他們認為在利率市場化背景下，商業銀行個人理財產品將逐步替代部分銀行存款，並將有助於解決上述問題。何兵等（2009）通過建立一個比較存款實際利率與理財產品實際收益率的分析框架，將投資標的市場利率、存款管制利率以及通貨膨脹率納入這個分析框架中進行實證比較和分析，以解釋商業銀行理財市場與利率變動的相關性。胡明東、宗懌斌（2009）在對2005—2008年上半年銀行理財產品的發展狀況分析的基礎上指出，理財產品創新加大了央行貨幣監測與貨幣定義的難度，加劇了市場的投機風險，增加了維護金融穩定的不確定因素，一定程度上也規避了央行的信貸窗口指導。王燕萍（2018）利用2015—2016年中國前十大商業銀行的理財產品發行數據，結合之前對影響因素的理論分析，建立因子模型，選取了7個影響因素作為自變量，運用多元線性迴歸分析，研究了商業銀行理財產品收益率與這些影響因素的關係，並分析了其影響程度。

袁增霆（2010）在多年跟蹤研究的基礎上，按照供給和需求分析的思路總結和梳理了銀行理財產品的創新動機、影響因素及案例，並對其中的重要量化關係進行了研究。研究表明：理財產品業務創新在中國利率市場化、銀行業轉型與金融產品結構完善等方面發揮了歷史性功能和作用。

2.2.7　關於金融理財產品市場監管法律制度的研究

黃韜（2011）認為中國金融理財產品市場上出現的種種法律糾紛，說明了以「機構監管」為基礎的監管法律體系已經不能適應現實金融理財產品市場發展的需要，需要引入「功能監管」理念來重構中國金融理財產品市場監管法律體系。

安偉等（2011）在總結現存銀行理財產品法律關係有關觀點的基礎上，認為應將商業銀行理財產品的法律關係分為兩類，即信託關係和衍生產品交易關係，再針對兩類理財產品法律關係的不同特徵，對其進行分類監管。

陳學文（2012）認為在中國非保本理財業務信託化發展趨勢下，可以借

鑑英美法系衡平法上的信義義務對非保本理財產品實行差別化監管。監管重心應由以資本為中心向以投資者保護為中心轉變。同時，在市場准入機制、規範格式合同、細化信息披露規範、加強理財資金投資管理、法律責任的承擔等方面加強對商業銀行義務的法律規制，真正做到「賣者有責」「買者自負」。

郭江山等（2012）指出，當前中國金融機構理財業務存在的法律困境主要是：金融機構對理財業務屬性的規定相互矛盾，理財業務中當事人雙方權利和義務不清，理財業務跨業經營存在法律空白和交集，監管機制缺失等。他們認為在中國金融機構理財業務法規的探索中，需要注意在混業經營趨勢下，明確理財業務的法律屬性，採取統一立法形式，建立防範利益輸送機制的相關制度。

肖立晟（2013）研究認為當前中國理財產品市場風險總體可控，但存在一定程度的流動性風險和信用違約風險。產生的原因主要是，在理財產品業務鏈中，銀行的負債主要為通過滾動發行短期理財產品獲得資金，而資產多為中長期貸款，一旦不能繼續滾動發展理財產品，則會觸發流動性風險。此外，理財產品銀行將大部分債券類理財產品投放到中低評級的「城投債」資產中，潛在的違約風險不容忽視。他認為未來需要進一步合理完善金融監管制度，強化信息披露，明確各相關方的法律關係，引導銀行理財產品市場創新發展。

田靜（2017）通過對照國際通行的集合投資計劃治理準則，研究認為中國集合投資類理財產品的法律框架、投資者的權利及權利主體、財產獨立性、「治理實體」等都存在較多不夠完善的方面。她建議監管部門通過合作，統一集合投資類理財產品的治理規則和監管制度，穩妥推進中國集合投資類理財產品治理結構的完善。

2.2.8　關於理財產品收益率及影響因素的研究

楊軼雯（2008）運用計量經濟學的方法，以人民幣理財產品為對象，對市場數據進行迴歸分析，總結各要素對理財產品預期收益率的影響；同時，採用因子分析方法研究理財產品的綜合表現，並總結了優秀理財產品的特點。

劉鴻偉（2009）從投資人的角度出發，以招商銀行理財產品為例，運用概率分佈函數及蒙特卡洛模擬技術計算出結構性理財產品整體的收益率，以及最低收益率的概率，並進行了敏感性分析。

劉崇光（2015）從宏觀經濟環境、市場環境、產品設計因素以及銀行自身理財能力四個方面分析了影響中國商業銀行理財產品收益率的相關因素，並

建立模型對影響商業銀行理財產品實際收益的因素進行了實證分析。

舒小淞（2015）通過對理財產品發展歷程的回顧，發現理財產品平均收益率為3%~5%，並且受到宏觀因素和微觀因素的雙重影響。在微觀層面上，理財產品收益受到行業競爭、保本類型、期限結構、委託起始金額四個方面的影響。他通過控制變量的方法，分別檢驗了四種影響因素對收益的影響，發現目前中國股份制商業銀行和五大商業銀行的收益分佈基本相同，城市商業銀行偏向發行高收益的理財產品。非保證收益型理財產品是市場的主流，且在高收益理財產品中占較大比例。

2.2.9 關於金融理財產品定價的研究

任敏（2008）針對單資產股票掛勾保本型結構性產品的期權特性，根據風險中性定價原理，借鑑 Black-Scholes（布萊克-肖爾斯）期權定價方法，對受匯率波動影響的外匯理財產品進行定價研究，然後運用中國民生銀行非凡理財第四期的兩年期產品為案例進行定價分析，結果表明該產品收益率設計是合理的。

劉一凡（2008）以商業銀行推出的結構性理財產品作為研究對象，通過數據統計分析這一產品的市場特點、行業現狀等方面的內容，重點對股票掛勾型結構性銀行理財產品進行詳細分類，並闡述不同類型股票掛勾型結構性銀行產品的風險收益特徵；運用蒙特卡洛模擬的方法，對這些產品進行模擬定價；通過將模擬運算所得的理論價值與現實產品價格進行對比，以及分析模擬中產品所體現的收益率分佈和風險特徵，對這類產品做出進一步的詳細解釋，得出市場現有理財產品定價基本合理，但同時也存在少數產品缺乏投資價值的結論。

楊雲（2009）以東方紅3號產品為研究對象建立數學模型，把集合理財產品總資金以一定比例分別投入債券和股票市場，在利率和投資比率為常數和時間的函數兩種情形下，用隨機分析和鞅方法給出了集合理財產品的定價公式並應用於市場分析。研究發現，當集合理財產品可選擇的投資種類較多時，其價格較高。當股票市場的波動率較低時，集合理財產品的價格隨著投資比率的變化比較穩定；相反，當股票市場的波動率較高時，集合理財產品的價格對投資比率的變化比較敏感。

祝紅梅（2012）以2008年1月—2011年6月期間商業銀行發放的投資方向為信貸資產和票據資產的理財產品為樣本，對決定理財產品定價的因素進行

了實證分析。結果表明，銀行理財產品收益率突破了現行的存款利率管理政策，並且多數銀行理財產品的定價體現了市場因素。在此基礎上，作者分析了理財產品發展對利率市場化改革的推動作用。

崔海蓉（2012）運用金融工程組合分解技術構建一種創新型冪式雙障礙敲出期權。該期權可以作為銀行結構性理財產品的內嵌期權，從而獲得一種創新型冪式雙障礙理財產品。研究結果表明，產品發行價格稍高於其理論價值，隱含溢價率為 0.81%；波動率的增加使觸及障礙的概率增加，使理論價格先小幅增加後大幅降低，最終趨於某一穩定值。

2.2.10 關於金融理財產品風險管理的研究

楊睿迪（2017）首先對商業銀行理財產品面臨的信用風險尤其是交易結構風險進行了介紹及分析，指出其體現形式包括交易結構風險、增信措施、融資方式風險；其次對銀行理財產品交易結構進行分類介紹，並分析了各類交易結構的風險點及成因；最後通過三個實際案例分別從交易結構風險中的交易主體風險、增信措施風險、融資方式風險三個方面對商業銀行理財產品交易結構風險進行分析及探討，並上升到具有普遍參考性的分析，指出商業銀行在面對市場上的新興融資模式時，應當全面分析交易結構關鍵點，盡最大可能保障銀行理財資金的安全性。

胡浩杰（2014）將理論結合實踐，首先對信貸類理財產品的總體情況加以介紹，其次從產品運作流程的重點環節的角度出發，分析信貸類理財產品存在的風險，包括監管制度風險、政策風險、市場風險等系統性風險，也包括信用風險、操作風險及法律風險等非系統性風險，同時結合投資方向不同的四款信貸類理財產品案例分析其存在的風險，並提出相應的解決辦法。

唐嘉馨（2015）採取案例研究的方法，選取光大銀行「同享二號」理財產品作為研究對象。首先，她對中國商業銀行理財產品及風險管理現狀和特點進行了分析和總結，之後詳細介紹了光大銀行「同享二號」理財產品的虧損事件，為後文的分析奠定基礎。然後，她從理財產品的投資運作流程角度，按照產品設計、發行與銷售和投資運作的三個階段對光大銀行「同享二號」理財產品的風險進行了識別和分析。最後，她針對「同享二號」理財產品的風險成因提出了商業銀行要重視國際金融市場風險、加強投資研究能力建設、規範合作機構的風險評級和准入制度、完善產品信息披露制度、完善產品風險應

急方案的理財產品風險管理參考建議。

李鵬（2007）研究了導致銀行理財產品風險的因素：人民幣理財產品存在產品層次較低、同質化現象嚴重、產品信息支持系統不完善等問題。要解決這些問題，商業銀行要進一步轉變經營理念，細分市場並增強產品差異性，加強理財業務的風險管理，在向零售銀行的戰略轉型中增強理財業務的競爭力。

馬俊勝（2014）通過梳理目前銀行理財業務中出現的各種「亂象」，即採用「資金池」管理模式、銷售不當、關聯交易無防火牆、理財產品投資不真實、信息披露不充分，剖析產生問題的根源。從本質上看，以上問題是對理財業務的信託法律關係認識不清和理解不透造成的。商業銀行控制理財業務風險應確保理財資產獨立，實行資金託管，嚴密監督關聯交易，防止不當銷售以及提高信息披露透明度。由此，研究提出發展商業銀行理財業務的相關政策建議：抓緊著手銀行理財業務立法，建立統一協調的監管體制，密切監督理財產品營銷行為，督促銀行建立理財風險管理體系。

楊柳斌（2008）分析了金融危機對QDII產品、結構性理財產品和穩健型理財產品三種層次的銀行理財產品的影響，提出應從完善理財業務相關法律法規、提高產品設計開發能力、建立嚴格完善的風險管理體系等方面應對全球金融危機對銀行理財產品市場帶來的衝擊。

2.3　國內外金融理財產品主要研究成果述評

從對國內外金融理財產品研究的梳理來看，研究者研究的領域主要集中於理財產品的分類特徵、風險管理、創新路徑、定價、法律制度、投資價值、經濟影響等方面。研究者也對這些領域進行了較為深入的研究，為後續的具體研究奠定了一定的基礎。但是，從總體上來看，研究者尚缺乏結合現實中具體的金融理財產品開發過程，圍繞金融理財產品交易機制設計、收益核算、風險管控所做的系統研究。特別是，中國尚缺乏結合具體的基礎資產狀況所進行的金融理財產品開發過程研究。這種缺陷的存在無助於在金融理財產品實踐中人們對產品開發規律性的把握，以及對金融理財產品市場良性可持續發展的推動。基於這種考慮，筆者試圖在前人研究的基礎上，結合近年來中國金融理財產品市場上出現的「新事物」——白酒金融理財產品，深入研究這一課題。

3 金融理財產品市場監管

3.1 金融理財產品市場發展與金融監管

近年來，伴隨著中國居民金融投資需求的增長和金融創新的加速發展，各類金融理財產品的開發已成為中國金融機構的主要業務。然而，金融理財產品市場中金融機構和客戶之間的法律糾紛也開始增多。

數據顯示，2015年1月至2017年12月，北京市第三中級人民法院及轄區法院共受理P2P（個人對個人）網貸糾紛案件兩萬餘件，且在2017年案件數量達到高峰，占總案件數超過75%。北京市第三中級人民法院民事審判第四庭庭長宋毅介紹，P2P網絡借貸糾紛案件近兩年呈集中爆發態勢。2015年北京三中院轄區收案僅二三十件，2016年起開始集中爆發，到2017年達到了高峰水準，截至12月中旬，2017年已收案近15,000件①。

值得關注的是，隨著商業銀行個人理財產品中的非保本理財產品的逐漸增多，一些金融理財產品開始出現了「零收益」甚至「負收益」現象，進而導致投資者與商業銀行之間不斷引發爭訟。同時，由保險公司推出的附加有理財功能的投資連結保險也頻繁發生投保人集中退保潮②。

這些問題的產生既與中國金融理財產品市場發展時間短、投資者投資經驗欠缺和風險意識淡薄有關，同時也反應了當前中國金融理財產品市場監管乏力，金融理財產品市場對投資者保護力度與監管法律制度的完備程度還不足以

---

① ①張葦杭. 北京市P2P網絡借貸糾紛案今年數量飆升［EB/OL］.（2017-12-18）［2018-09-01］. http：//baijiahao. baidu. com/s？id=1587129987830578903&wfr=spider&for=pc.

② 孫曉宇. 五年一輪迴 投連險再起退保潮［EB/OL］.（2008-11-18）［2018-09-01］. http：//insurance. hexun. com/2008-11-18/111371167. html.

適應金融理財產品市場業務迅猛發展的現實。

總體來看,當前中國金融理財產品市場中所存在的金融機構信息披露不透明、操作不規範、金融機構與投資者之間權責不明晰、收益風險難界定等問題,都需要金融理財產品市場監管制度的建設來解決。

3.2 金融理財產品市場監管現狀

3.2.1 不同金融理財產品中金融機構與投資者之間的法律關係

通過對目前中國金融理財產品市場的梳理,我們會發現目前不同類型的中國金融機構都已經在向公眾投資者提供不同形式的金融理財產品服務。從理論角度看,現實中各種類型的金融理財產品名稱多樣,監管的金融機構不一,產品銷售的目標群體也不完全相同,但根據金融機構與投資者之間的法律關係,我們可以歸納出其在基本屬性上的共同點:

第一,投資者投資購買金融理財產品的行為,反應的是其與金融機構之間基於資金供給與需求關係的一種委託代理行為。具體來說,作為理財產品資金供給方的投資者是金融理財產品貨幣資金的委託方,作為金融理財產品貨幣資金需求方的金融機構則是金融理財產品的代理方或者受託人。由此看來,金融理財產品可以視為投資者將資金的使用權委託給作為受託人的金融機構,由金融機構以自己的名義獨立地對該項並不屬於自己的資金按照雙方事先的約定進行資產管理的行為。

第二,上述委託代理行為發生的基礎有兩個:一是接受投資者資金委託提供資產管理的金融機構,是受到金融監管當局監管的具備特許資質的金融機構;二是投資者需要向金融機構支付相應的資產管理費用作為對價,以換取金融機構承諾提供專業的理財服務。

第三,上述委託代理行為具有增值性、資金池特性。即投資者以獲取資金的增值收益為目的而將資金委託給專業的金融機構代為管理;而不同投資者的資金往往會進入募集資金池被受委託的金融機構集合混同,再以整體的形式對外投資(單一客戶的理財計劃除外)。

第四,上述委託代理行為發生後,金融理財產品投資者的收益主要仰賴於金融機構所作出的努力,而非來自投資者自身的投資判斷和選擇。

第五，上述委託代理行為的存在具有契約性與非契約性。契約性表現為投資者與金融機構之間有明確的合約約定雙方在委託代理行為中的權利義務；非契約性表現為投資者是基於對金融機構及其雇傭的專業人士管理資產能力的信任而參與相應的金融理財產品購買。

3.2.2 金融理財產品的機構監管模式

儘管不同的金融理財產品中金融機構與投資者之間的法律關係具有上述共同點，但是，受中國金融市場總體分業監管制度的影響，目前中國金融監管機構對不同類型理財產品的監管也形成了一種機構監管模式。

具體而言，從金融行政監管的隸屬關係來看，中國金融市場上各類理財產品的基本監管架構是：中國銀監會負責信託投資計劃和商業銀行個人理財產品的監管；中國證監會負責券商的客戶資產管理、證券投資基金、貨幣市場基金和基金管理公司專戶理財產品的監管；中國保監會負責三類新型人身保險產品的監管。

在這種金融理財產品市場的機構監管模式下，不同的監管機構也頒布了不同種類的金融理財產品法規（見表3-1）。因此，不同種類的金融理財產品也分別適用各自的監管規則。

表3-1 中國監管機構對金融理財產品相關監管法規一覽表

實施年份	法規名稱	發布機構
2005年	《商業銀行個人理財業務風險管理指引》	銀監會
2005年	《商業銀行個人理財業務管理暫行辦法》	銀監會
2006年	《關於商業銀行開展個人理財業務風險提示的通知》	銀監會
2007年	《信託公司受託境外理財業務管理暫行辦法的通知》	銀監會、外管局
2007年	《關於調整商業銀行代客境外理財業務境外投資範圍的通知》	銀監會
2007年	《關於調整商業銀行個人理財業務管理有關規定的通知》	銀監會
2008年	《關於進一步規範商業銀行個人理財業務有關問題的通知》	銀監會

表3-1(續)

實施年份	法規名稱	發布機構
2008 年	《關於外資銀行發售人民幣信託類理財產品有關事項的通知》	銀監會
2008 年	《銀行與信託公司業務合作指引》	銀監會
2008 年	《關於進一步加強信託公司銀信合作理財業務風險管理的通知》	銀監會
2009 年	《關於進一步規範商業銀行個人理財業務報告管理有關問題的通知》	銀監會
2009 年	《關於進一步規範銀信合作有關事項的通知》	銀監會
2009 年	《關於規範信貸資產轉讓及信貸資產類理財業務有關事項的通知》	銀監會
2009 年	《關於印發〈銀行業個人理財業務突發事件應急預案〉的通知》	銀監會
2010 年	《關於規範銀信理財合作業務有關事項的通知》	銀監會
2010 年	《關於進一步規範銀行業金融機構信貸資產轉讓業務的通知》	銀監會
2011 年	《商業銀行理財產品銷售管理辦法》	銀監會
2011 年	《關於進一步規範銀信理財合作業務的通知》	銀監會
2011 年	《關於進一步加強商業銀行理財業務風險管理有關問題的通知》	銀監會
2011 年	《關於規範銀信理財合作業務轉表範圍及方式的通知》	銀監會
2011 年	《關於清理整頓各類交易場所切實防範金融風險的決定》	國務院
2012 年	《關於清理整頓各類交易場所的實施意見》	國務院
2012 年	《商業銀行理財產品銷售管理辦法》	銀監會
2013 年	《關於規範商業銀行理財業務投資運作有關問題的通知》	銀監會
2014 年	《關於完善銀行理財業務組織管理體系有關事項的通知》	銀監會
2014 年	《關於2014年銀行理財業務監管工作的指導意見》	銀監會

表3-1(續)

實施年份	法規名稱	發布機構
2014年	《關於商業銀行理財產品進入銀行間債券市場有關事項的通知》	中國人民銀行金融市場司
2014年	《關於進一步規範證券公司資產管理業務有關事項的補充通知》	證券業協會
2014年	《證券期貨經營機構資產管理業務管理辦法（徵求意見稿）》	證監會
2014年	《關於進一步加強基金管理公司及其子公司從事特定客戶資產管理業務風險管理的通知》	證監會
2017年	《中國銀監會關於規範銀信類業務的通知》	銀監會
2018年	《關於進一步深化整治銀行業市場亂象的通知》	銀監會

　　研究發現不同監管部門頒布的監管規則關於各自監管的金融理財產品的發行條件、募集對象、審批條件和程序、信息披露要求、投資風險分擔、資金使用要求、監管措施以及法律責任等方面的內容又存在較大差異（見表3-2）。

　　從對各類金融理財產品的審批要求來看，不同監管機構的審批要求標準也不盡相同。信託投資計劃的募集無須通過銀監會的事先審批；三類新型人身保險產品的銷售則應當報送保監會備案，通常情況下不適用審批程序；商業銀行的個人理財產品發售原則上以類似備案程序的報告制為主，特殊情況下（如銷售保證收益理財計劃）才有必要獲得銀監會的許可；基金管理公司獲得專戶理財業務的資質後，證監會並不要求其將理財產品逐項申報核准；而對於證券公司辦理集合資產管理業務和專項資產管理業務以及證券投資基金和貨幣市場基金的募集，證監會則要求一律逐項審批。

表3-2　不同監管部門頒布的金融理財產品監管規則差異

金融理財產品	監管機構	監管要求
信託投資計劃	銀監會	無須通過銀監會的事先審批
商業銀行個人理財產品	銀監會	商業銀行開展以下個人理財業務，應向銀監會申請批准：①保證收益理財計劃。②為開展個人理財業務而設計的具有保證收益性質的新的投資性產品。③需經中國銀行業監督管理委員會批准的其他個人理財業務。商業銀行開展其他個人理財業務活動，不需要審批，但應按照相關規定及時向銀監會或其派出機構報告

表3-2(續)

金融理財產品	監管機構	監管要求
券商客戶資產管理產品	證監會	證券公司辦理集合資產管理業務和專項資產管理業務，須向中國證監會提出逐項申請
證券投資基金	證監會	基金管理人經證監會核准後方可發售基金份額，募集基金
證券投資基金管理公司特定客戶資產管理（基金專戶理財）	證監會	基金管理公司開展特定資產管理業務以獲得證監會的資質審批為前提，產品無須逐項報批
貨幣市場基金	證監會	基金的募集需得到證監會的核准
信託投資計劃	保監會	無須審批
投資連結保險	保監會	應當報送中國保監會備案
萬能壽險	保監會	應當報送中國保監會備案
萬能分紅險	保監會	應當報送中國保監會備案

3.2.3 機構監管模式下金融理財產品市場存在的問題

目前，在機構監管模式下中國金融理財產品市場監管存在的主要問題是監管缺位、監管套利、監管滯後。具體而言，這些問題的特徵如下：

其一，監管缺位問題。基於分業監管下的金融理財產品市場的機構監管模式強調的是每一種類型的金融機構都有其明確對應的監管機構，這在表面上實現了金融理財產品的「無縫對接」監管。但在現實的金融理財產品交易活動中，這種監管模式又經常面臨監管缺位的尷尬。

例如，目前中國金融市場上還活躍著一大批民間機構和個人，他們並未獲得金融監管機構頒發的金融牌照，但也和持牌金融機構一樣，提供著委託理財的服務。最為典型的例證是各類P2P借貸平臺、投資諮詢公司、金融信息服務公司等。

對這類未持牌非金融機構的受託理財行為，儘管業界有不少觀點質疑其經營的合法性，但最高法院的司法解釋認為「原則上凡是依法具有獨立民事主體資格的法人和自然人都可以作為委託人簽訂委託理財合同」。因此，未持牌非金融機構和個人缺乏對應的監管機構，機構監管模式顯然在一定程度上失靈了。

為了保護公眾投資者利益，對於公開募集資金的融資行為本應在監管機構的嚴格規制之下進行，但是目前中國現有的金融監管法律體系在此問題上表現出監管缺位問題。

其二，監管套利問題。機構監管模式之下，不同部門之間監管規則約束的程度不一，使得被監管者有機會通過各種安排令自己適用最寬鬆的監管要求，從而達到規避法律的目的，而這種規避法律的行為就有可能以投資者利益保護的削弱為代價。例如，中國信託法律制度對集合信託投資計劃的募集對象做出了嚴格的限制，要求參與計劃的自然人通常情況下不得超過 50 人，顯然立法者的目的是想把這種理財形式嚴格限定在「私募」的範疇之內。然而在實際的金融交易活動中，商業銀行以客戶的理財資金為信託財產，與信託公司簽署資金信託合同，設立單一資金信託，從而規避了《信託公司集合資金信託計劃管理辦法》對資金募集對象的限制。

因此，大量的公眾投資者也在被動的、不知情的情況下利用銀信合作機制，通過購買銀行理財產品而「借道」成為信託理財產品的投資者。在此過程中，正是機構監管模式下的監管規則差異，導致金融市場監管活動的整體有效性的損害。如果說套利行為發生在同一家監管機構所制定的不同監管規則之間，由這一監管機構做出事後彌補還相對容易，而一旦被監管者針對不同監管機構的規則進行「套利」，對此行為規制的難度也就會相應增加。

其三，監管滯後問題。機構監管模式下，監管機構往往將工作重心放在金融機構的風險可控性以及整個金融市場的系統安全性上，而對公眾投資者利益的保護往往是嚴重滯後的。

以商業銀行個人理財產品監管為例。2005 年 9 月 24 日，銀監會頒布《商業銀行個人理財業務管理暫行辦法》。其中，第一條明確立法目的是「加強商業銀行個人理財業務活動的管理」以及「促進個人理財業務健康有序發展」。在出抬該暫行辦法的同時，銀監會還頒布了《商業銀行個人理財業務風險管理指引》。可見對於監管部門來說，其首要職責顯然是監督金融機構在推出理財產品這項新業務時必須保證風險管理的有效性，例如要求完善內控體系、進行風險監測、限制金融機構的保底承諾等。然而，銀行理財產品遭遇因「零收益」「負收益」而引發的各種爭議之後，人們發現理財產品市場中最大的問題，可能是產品的複雜程度與投資者的風險承受能力不匹配，以及商業銀行存在大量的誤導甚至詐欺投資者的行為。

2006年6月13日,銀監會開始逐步重視投資者權利的保護,並發出《關於商業銀行開展個人理財業務風險提示的通知》,要求商業銀行不得將理財產品進行大眾化推銷,並設定5萬元的銷售起點金額;同時,還要求商業銀行在營業網點當面對客戶進行產品適合度評估,並限制銀信合作理財產品的發售對象等①。

3.3 金融理財產品市場監管模式的探索

3.3.1 國外功能監管模式的理論與實踐

針對機構監管模式存在的問題,國外學術界提出了功能監管模式的改革思路。功能監管理論最早由哈佛大學商學院默頓教授提出,他主張依據金融體系的基本功能來設計監管制度,實現對金融業跨產品、跨機構、跨市場的協調。功能監管模式重點關注的是金融機構所從事的經營活動,而並非金融機構本身,因為金融體系的基本功能比金融機構本身更具穩定性。儘管具體金融功能的表現形式可能是多樣的,但只要保持金融監管方式與金融基本功能這兩者之間的制度適應性,就可以達到有效監管的目的。美國第70任財政部部長魯賓則將功能監管形容為「一個監管過程,在這一過程中,一種特定的金融功能由同一監管者進行監管,無論這種業務活動由哪一個金融機構經營」。

功能監管理念最早在美國的立法中集中體現是1999年的《金融服務現代化法》。這部法律專門設了「功能監管」部分,廢除了聯邦證券法對於商業銀行的適用豁免,要求商業銀行的大部分證券業務轉交單獨的關聯機構或子公司進行。《金融服務現代化法》的規定修改了《1934年證券交易法》的有關內容,不再將銀行排除於證券經紀及自營商的定義之外,因此銀行經營的證券業務也將被美國證券交易委員會的監管權限覆蓋,須向美國證券交易委員會登記註冊。同時,為了制約金融創新可能導致的監管套利行為,《金融服務現代化法》還授權美國證券交易委員會分辨何種混合型金融產品應受其監管。

除了美國,亞洲發達經濟體的日韓等國在近年來也以功能監管模式為導向

---

① 黃韜. 中國金融市場從「機構監管」到「功能監管」的法律路徑:以金融理財產品監管規則的改進為中心 [M] //王衛國. 金融法學家:第三輯. 北京:中國政法大學出版社,2012: 25.

進行了相關金融法制的改革。2006年，日本制定的《金融商品交易法》「吸收合併」了《金融期貨交易法》《投資顧問業法》等法律，徹底修改《證券交易法》，將「證券」的定義擴展為「金融商品」的概念，最大限度地將具有投資性的金融商品、投資服務作為法律的規制對象，以避免產生法律的真空地帶，構築了從銷售、勸誘到資產管理、投資顧問的全方位的金融理財行業規制的基本框架①。

2007年韓國國會通過的《有關資本市場和金融投資業的法律》（又被稱作《資本市場統合法》）也對「金融投資商品」的概念進行了抽象性的定義，該定義將韓國所有金融投資理財產品都納入該部法律的監管範圍②。

3.3.2　中國金融理財產品市場監管模式的理論探索

「功能監管」是指應該按照金融機構經營的不同功能的金融業務來劃分監管權限，而不是按照機構屬性來劃分。按照功能監管的理念，即使是同一類型的金融機構，如果經營不同功能的金融業務，也應該由不同的監管部門來監管。功能監管最大的好處是可以對同類型的業務實施統一標準的跨行業監管，不會留下監管真空。

但有學者認為純粹的功能監管也存在嚴重不足，一是必然會造成對同一個機構的重複監管，二是把重心放在金融產品和業務上，放鬆了對金融機構本身的風險監管，這可能帶來嚴重隱患。機構監管與功能監管各有利弊，不可偏廢。在金融理財業務進一步推進業務交叉和融合的背景下，必須建立機構監管和功能監管有機結合的新框架。

中國「一行三會」③的功能監管框架由來已久，並且已經發揮了很好的監管作用。為此，我們應該在已有的機構監管框架的基礎上引入功能監管的理念，建立兩者結合的監管新框架。

---

① 楊東. 論金融法制的橫向規制趨勢［J］. 法學家，2009（2）：124-134，159-160.
② 趙晟楠. 韓國法中的「金融投資商品」定義小考［J］. 金融法苑，2010（1）：143-156.
③ 「一行三會」指人民銀行、銀監會、證監會、保監會。2017年國務院金融穩定發展委員會成立，2018年中國銀行保險監督管理委員會成立之後，「一行三會」成為歷史，「一委一行兩會」的新格局形成。

3.3.3　中國金融理財產品市場監管模式的實踐探索

3.3.3.1　國務院金融穩定發展委員會成立及其意義

2017年7月，經黨中央、國務院批准，國務院金融穩定發展委員會（下稱「金融穩定發展委」）成立。金融穩定發展委的成立是中國金融改革與發展歷史進程中又一重大事件，對促進中國金融監管體制改革及推進金融業發展將起到重要作用。目前，金融穩定發展委已明確規定了其功能定位及職責分工，黨中央、國務院也已明確將其作為國務院統籌協調金融穩定和改革發展重大問題的議事協調機構，明確了其職責定位。

金融穩定發展委的成立有助於扭轉金融監管機構之間各自為政、各自為戰的局面，消除監管紛爭，形成高度一致的金融監管力量，確保黨中央、國務院各項金融政策正確貫徹落實到位，遏制各種金融亂象，推動金融業不斷走向規範、健康發展之道。具體而言，金融穩定發展委的成立有五個方面的作用（見表3-3）。

表3-3　金融穩定發展委的功能定位與職責分工

功能定位	職責分工
執行功能	落實黨中央、國務院關於金融工作的決策部署
審議功能	審議金融業改革發展重大規劃
統籌協調功能	統籌金融改革發展與監管，協調貨幣政策與金融監管相關事項； 統籌協調金融監管重大事項，協調金融政策與相關財政政策、產業政策等
分析研判功能	分析研判國際中國金融形勢，做好國際金融風險應對工作，研究系統性金融風險防範處置和維護金融穩定重大政策
問責監督功能	指導地方金融改革發展與監管，對金融管理部門和地方政府進行業務監督和履職問責等

首先，金融穩定發展委的成立為中國金融監管改革確立了基本方向，使中國金融監管體制得到進一步完善，為防範化解金融風險提供了根本保障。它既是落實全國第五次金融工作會議上習總書記強調的要堅定深化金融改革、加強金融監管協調、補齊監管短板的指示要求；又是對現有金融監管體制進行的有效補充，克服了對原有分業金融監管體制進行全面否定的片面做法。在原有基礎上設立金融穩定發展委作為權威決策機構，有利於深化金融改革、協調金融

監管工作。這一比「一行三會」更高級別的監管協調機構體現了黨中央、國務院對金融風險防範的高度重視，對未來金融長遠健康發展具有重要作用。

其次，金融穩定發展委承擔金融監管短板的糾偏功能，能有效消除分業監管方式下存在的金融監管盲點及監管套利現象。該委員會強調在金融管理事權上中央政府的主導地位和地方政府的從屬地位，並通過金融監管協調機制的加強和提升，深化金融監管體制改革，優化金融風險監管覆蓋方式，以更好地應對金融機構在綜合化經營過程中可能會產生的流動性風險、信用風險、操作風險。

最後，金融穩定發展委實際上對現有金融監管資源進行了一次合理、有效的整合，能彌補「一行三會」相互間信息資源分割、監管協調不足等缺陷，使金融監管機構協調性增強，監管權威性、震懾力更強，能有效消除金融監管真空，使社會各種非法金融亂象無處遁形。

因此，成立國務院金融穩定發展委員會，達到了加快金融改革與推進金融監管的目的。

3.3.3.2 中國銀行保險監督管理委員會成立及其意義

2018年4月8日上午，中國銀行保險監督管理委員會（下稱「銀保監會」）正式掛牌。「15歲」的銀監會和「20歲」的保監會正式告別歷史舞臺。新成立的銀保監會官網公布其主要職責是，依照法律法規統一監督管理銀行業和保險業，維護銀行業和保險業合法、穩健運行，防範和化解金融風險，保護金融消費者合法權益，維護金融穩定。銀保監會的成立是中國金融監管體制和格局的重大調整，標誌著中國金融監管體制改革邁出了重要一步。總體來看，銀保監會的成立適應了金融市場和經濟社會深化發展的需要，推動中國金融監管領域由分業監管體制向統籌協調監管體制的轉變。具體而言，銀保監會的成立意義體現為：

一方面，銀保監會的成立有利於實施穿透式監管，減少監管套利。2018年3月20日，國務院總理李克強在全國兩會記者會上表示，銀保合併是要防止規避監管的行為發生。自1992年設立證監會、1998年設立保監會、2003年設立銀監會以來，分業監管模式在中國經濟金融體系的發展壯大中發揮了巨大作用。但隨著國內外經濟金融形勢的深刻變化，傳統的監管模式越來越不能適應發展的需要，金融監管需要在理念、體制和審慎等核心方面做出結構性調整。

近年，金融市場出現了諸多的金融集團、金控集團，這些集團同時開展保險業務與銀行業務，混業經營趨勢明顯，部分保險企業將銀行資金用於高風險的股權投資。這導致金融市場出現監管套利、資金空轉等問題。銀保監會的成立將有利於通過監測真實資金的流向，控制監管套利、資金空轉問題。

另一方面，銀保監會的成立有利於提高監管執行的效率。中國傳統的「一行三會」由於行政級別相同，監管機構之間就風險事件經常停留在能夠交流商討，但不能下達指令文件的狀態，進而導致長期以來監管執行困難重重，監管執行效率低下，監管信息無法有效傳達。銀監會、保監會兩部門的合併有助於協同監管效應的最大化發揮。目前中國還需要大量的專業化金融監管人才，尤其地方保險監管人才極度稀缺。銀保監會的成立有利於集中專業化人才資源優勢，分享監管信息，極大地提高監管質量，最終也會使監管執行的效率提高。

3.4 金融理財產品市場監管主要法規研究

3.4.1 《商業銀行個人理財業務管理暫行辦法》和《商業銀行個人理財業務風險管理指引》主要發布背景、基本主旨、內容及相關解讀

2005 年 9 月，中國銀監會發布了《商業銀行個人理財業務管理暫行辦法》（本小節中以下簡稱《辦法》）和《商業銀行個人理財業務風險管理指引》（本小節中以下簡稱《指引》），並於 2005 年 11 月 1 日起實施。《辦法》和《指引》對規範和促進商業銀行個人理財業務健康有序發展具有開創性的意義。

3.4.1.1 《辦法》和《指引》的發布背景

理財業務是商業銀行將客戶關係管理、資金管理和投資組合管理等融合在一起，向客戶提供的綜合化、個性化服務。在利率市場化背景下，發展理財業務是中國商業銀行提高經營管理水準和國際競爭力的必然趨勢。早在 20 世紀 90 年代末期，中國的一些商業銀行就已經開始嘗試向客戶提供專業化的投資顧問和個人外匯理財服務。2004 年 9 月後，中國部分商業銀行就開始開展了人民幣理財業務。受金融法律制度、金融管理體制和金融市場等發育程度的影響，中國商業銀行的個人理財業務在快速發展的同時，也出現了一些問題。妥

善處理好理財業務發展中出現的問題，提高商業銀行理財業務風險管理水準，加強對理財業務的監管，有利於中國商業銀行發展高端客戶和改善銀行客戶結構，有助於為金融消費者提供更豐富的投資工具，也有助於提高商業銀行的綜合競爭能力。從長期來看，理財業務的發展還有利於改善商業銀行較為單一的存貸款業務結構，有利於銀行業的風險管理和監管。

因此，中國銀行業監督管理委員會在認真分析總結中國商業銀行理財業務發展的基礎上，借鑑了國外對銀行理財業務的監管經驗，結合中國已有金融法律制度，制定了《辦法》和《指引》。

3.4.1.2 《辦法》和《指引》的基本主旨

由於商業銀行經營中自有資金占比較小，商業銀行的經營活動始終伴隨著風險，通過提高商業銀行的經營管理水準從而提高商業銀行的風險承受能力，是銀行監管的一個重要方面。多數國家監管機構對商業銀行實行的是「以風險為本」的監管理念。這種監管理念體現在商業銀行各類業務監管活動之中。

銀行在個人理財業務過程中，只是扮演著中間人的角色，並不承擔風險，也不獲取超過一定比例資產管理費的收益。但是，在銀行發行保本型理財產品時，如果理財產品的運行結果並未達到承諾的保證收益，銀行若按照承諾兌付其收益，就會增加虧損或減少利潤；若不按承諾兌付其收益，理財產品的投資者一般是無法接受的。正是出於對這種情況的考慮，為了防範金融風險和社會風險，《辦法》中，銀監會在允許商業銀行開展這一業務的同時，對發行這類產品規定了嚴格的限制條件。可見，在當時金融市場發育不完善，商業銀行理財風險管理缺乏經驗的條件下，金融監管當局更多地是考慮銀行開展理財業務可能給金融業帶來的風險。

「風險為本」的監管不僅要立足當前，完善商業銀行的風險管理體系，提高商業銀行的風險管理水準，而且需要立足未來，在加強商業銀行風險管理的基礎上，提高商業銀行的綜合競爭能力和盈利能力，提高商業銀行自我吸收、處置風險的能力。

基於這種考量，銀監會對於個人理財業務的監管思路是：在完善個人理財業務風險管理制度和管理體系的基礎上，實現個人理財業務「規範與發展並重、創新與完善並舉」。《辦法》和《指引》的框架設計和相關規定充分體現了這一監管主旨，具體內容見表3-4。

表 3-4 《辦法》和《指引》框架設計及相關規定內容

涉及層面	具體內容
理財產品法律屬性	遵照中國金融法律制度的要求，界定了理財業務的法律性質，進行分類規範
理財業務分類管理	對個人理財業務的分類管理，既考慮到中國金融管理和金融市場發展的客觀實際，也積極借鑑了境外商業銀行理財業務管理的經驗，鼓勵、支持商業銀行依法合規地發展個人理財業務，培育相關市場
審批原則	按照有所為而有所不為的原則，規定只對保證收益理財計劃和產品等風險較大的理財業務實行審批，其他個人理財業務商業銀行可自行開展
風險管理	強調了商業銀行必須持續不斷地完善理財業務風險管理體系建設，保護客戶合法權益

3.4.1.3 《辦法》和《指引》的主要內容

《辦法》共有七章六十九條。第一章總則，闡述了個人理財業務的概念和商業銀行開展個人理財業務的基本原則與要求；第二章分類及定義，主要根據國際上對理財業務的分類原則，結合中國個人理財業務發展的實際情況，對個人理財業務進行分類，界定了個人理財業務的性質；第三章個人理財業務的管理，規定了商業銀行開展個人理財業務應當滿足的基本要求；第四章個人理財業務的風險管理，規定了商業銀行管理個人理財業務風險應當遵循的基本原則和要求；第五章個人理財業務的監督管理，規定了監管部門對個人理財業務的監管要求、監管方式和有關程序；第六章法律責任，根據個人理財業務的特點，按照《中華人民共和國銀行業監督管理法》《中華人民共和國商業銀行法》等法律法規，對商業銀行開展個人理財業務違規行為的處罰作出規定；第七章附則，對《辦法》的其他相關問題進行解釋說明。

《指引》共有五章六十四條。第一章總則，結合《辦法》的相關規定，進一步闡述了商業銀行開展個人理財業務的風險管理要求；第二章個人理財顧問服務的風險管理，主要側重於商業銀行向客戶提供金融產品諮詢、財務分析與規劃、投資建議等服務時，對相關風險管理的基本要求、方式與方法；第三章綜合理財服務的風險管理，主要側重於商業銀行的市場投資和投資組合管理活動，以及市場風險、操作風險、流動性風險等主要風險的管理要求、程序和方法；第四章個人理財業務產品風險管理，主要側重於商業銀行代理銷售投資產品和開發設計新投資產品應當遵循的風險管理原則和規程；第五章附則，對

《指引》的其他相關問題進行瞭解釋說明。

3.4.1.4　《辦法》中對商業銀行銷售保證收益理財產品的規定

商業銀行提升競爭能力、提高服務質量和服務水準的基本要求，就是要以客戶和市場為導向，根據客戶的需要開發「適銷對路」的產品和服務。由於客戶的經濟狀況和知識水準的差異，其對金融產品的風險偏好、風險認知能力和風險承受能力也不同。

商業銀行只提供單一的產品和服務，很難滿足客戶對銀行產品和投資工具多樣化的需求。因此，客觀上要求商業銀行能夠向客戶提供不同風險收益種類的產品。從國外商業銀行個人理財業務的發展情況來看，保證收益理財產品是商業銀行向客戶提供的基本產品種類之一。就中國金融市場發展而言，允許商業銀行向客戶提供保證收益類產品，有利於改善中國商業銀行的產品結構，符合個人理財業務和市場的發展趨勢。

但是，業界擔心一些商業銀行有可能將這類產品轉化為準儲蓄存款產品，變成高息攬儲和規模擴張的一種工具。這樣既會變相突破國家對利率市場的監管，也不利於銀行業公平競爭。

基於以上考慮，為了防範金融風險和社會風險，《辦法》中，銀監會在允許商業銀行開展保證收益型理財產品業務的同時，對發行這類產品規定了嚴格的限制條件：為開展個人理財業務而設計的具有保證收益性質的新的投資性產品應向中國銀行業監督管理委員會申請批准。同時，《辦法》中還明確規定：保證收益理財計劃或相關產品中高於同期儲蓄存款利率的保證收益，應是對客戶有附加條件的保證收益；商業銀行不得無條件向客戶承諾高於同期儲蓄存款利率的保證收益率；商業銀行不得承諾或變相承諾除保證收益以外的任何可獲得收益。

3.4.1.5　《辦法》對銀行利用理財產品進行變相高息攬儲的監管

《辦法》第六十二條規定，商業銀行將一般儲蓄存款產品作為理財計劃銷售並違反國家利率管理政策進行變相高息攬儲的，中國銀監會將依據《中華人民共和國銀行業監督管理法》有關規定實施處罰。此外，對商業銀行利用理財產品進行變相高息攬儲的，中國銀監會將依據《中華人民共和國銀行業監督管理法》第四十四條的規定，責令商業銀行改正，有違法所得的，沒收違法所得，違法所得 50 萬元以上的，並處違法所得 1 倍以上 5 倍以下的罰款；沒有違法所得或者違法所得不足 50 萬元的，處 50 萬元以上 200 萬元以下罰

款;情節特別嚴重或者逾期不改正的,可以責令停業整頓或者吊銷其經營許可證;構成犯罪的,依法追究刑事責任。

3.4.1.6 《辦法》對投資人合法權益的保護

《辦法》從五個方面體現了對投資人合法權益保護的要求,詳見表3-5。

表3-5 《辦法》對投資人合法權益保護的具體要求

涉及方面	具體要求
開展業務原則	要求商業銀行按照符合客戶利益和審慎盡責的原則,開展理財業務
銷售產品原則	要求商業銀行通過理財業務向客戶銷售有關產品時,瞭解客戶的風險偏好、風險認知能力和承受能力,評估客戶的財務狀況,提供合適的投資產品由客戶自主選擇,向客戶銷售適宜的投資產品
資金使用原則	要求商業銀行按照理財計劃合同約定管理和使用理財資金,除對理財資金進行正常的會計核算外,還應為每一個理財計劃製作明細記錄
風險揭示原則	要求商業銀行向客戶解釋相關投資工具的運作市場及方式,進行充分風險揭示,並以明確、醒目、通俗的文字表達
信息披露原則	要求商業銀行進行充分的信息披露,及時向客戶提供其所持有的所有相關資產的帳單和其他有關報表與報告

3.4.1.7 《辦法》實施效應分析

《商業銀行個人理財業務管理暫行辦法》等法規出抬後,部分商業銀行未能有效加強理財業務的風險管理,少數商業銀行未按照《辦法》和《指引》的有關規定和要求開展理財業務,出現了產品設計管理機制不健全、客戶評估流於形式、風險揭示不到位、信息披露不充分、理財業務人員誤導客戶和投訴處理機制不完善等問題;同時,2008年以來,由於理財產品發行時風險提示不足、信息不透明,投資者面臨「零收益」「負收益」等問題,客戶對銀行的投訴驟然增多。為進一步規範商業銀行個人理財市場秩序,促進商業銀行個人理財業務持續健康發展,銀監會加強了對銀行理財產品市場的治理力度。

2008年4月3日,銀監會頒布了《關於進一步規範商業銀行個人理財業務有關問題的通知》。該通知主要從銀行理財產品的設計和評估、銀行對理財產品銷售和管理、銀行理財產品市場的監管三個方面做出了相關規定,提出了相關要求。2008年6月底,銀監會又以「窗口指導」的方式叫停了銀行擔保信託理財產品。

3.4.2 《銀行與信託公司業務合作指引》分析及主要內容解讀

3.4.2.1 《銀行與信託公司業務合作指引》出抬的背景分析

中國銀監會以銀監發〔2008〕83號文出抬了《銀行與信託公司業務合作指引》（也稱「銀監會83號文」，本小節中以下簡稱《銀信合作指引》）。《銀信合作指引》頒布的主要背景有以下幾方面：

首先，銀行與信託公司業務合作符合優勢互補原則。銀行擁有豐富的服務網絡和客戶渠道資源，可以開展理財業務等服務；而信託公司能依託於信託制度的信託財產獨立、風險隔離等優勢。在現行監管制度下，信託公司可將信託資金運用於貨幣市場、資本市場和股權投資，是金融創新的有效保障。因此，銀信合作可以實現銀行與信託公司之間的優勢互補，促進金融創新和發展。

其次，銀行與信託公司業務合作需要制度保障。目前通過銀行發行理財產品募集資金再信託給信託公司，成為信託產品營運的主要商業模式。由於產品結構比較複雜，且投資者和信託公司無直接法律關係，而監管機構又禁止銀行對相關業務的擔保，投資者將面臨較大的風險，其利益很難得到保障。同時，信託公司與銀行在銀信合作過程中的地位失衡，將損害信託公司利益，引發惡性競爭，久而久之將不利於整個銀信合作業務的發展。為充分保障投資者的利益和促進銀信合作業務的發展，對銀信理財產品的規範確屬必要。

再次，銀行與信託公司業務合作亟須規範。目前銀信合作不斷深入，既有理財產品的合作，也有資產證券化、信託產品推介、帳戶開設等方面的合作，涉及不同金融機構和金融市場，對風險管理和監管工作提出了更高的要求。

最後，銀行與信託公司業務合作有助於刺激經濟。在國際金融危機的影響下，中國政府為了減輕金融風暴的影響，保證經濟的持續、快速發展，出抬了擴大內需十項措施，增加千億元投資，即「國十條」，提出加大金融對經濟增長的支持力度[①]。

3.4.2.2 《銀信合作指引》主要內容解讀

銀行與信託公司業務合作必須要遵循的《銀信合作指引》，主要包括總則、銀信理財合作、銀信其他合作、風險管理與控制四個方面的內容，其規範

---

① 2008年，在全球金融危機的影響下，國務院出抬擴大內需十項措施增加千億元投資，簡稱「國十條」。2010年4月17日，國務院為了堅決遏制部分城市房價過快上漲，發布《國務院關於堅決遏制部分城市房價過快上漲的通知》，簡稱「新國十條」。

的重點如下：

第一，對銀信合作雙方應遵守的規定提出了基本要求，對銀信合作過程的風險控制制度、業務規範、合作雙方的職責邊界等做出了明確規定。

第二，強調銀行、信託公司應在各自職責範圍內建立相應的風險管理體系，要求根據客戶的風險偏好、風險認知和承受能力的不同而提供差異化服務。

第三，為防範風險和促進銀信合作健康發展，要求銀行不得為銀信理財合作涉及的信託產品及該信託產品項下財產運用對象等提供任何形式擔保；要求信託公司投資於銀行所持的信貸資產、票據資產等資產時，應採取買斷方式，且銀行不得以任何形式回購；以及要求銀行、信託公司進行業務合作應遵守關聯交易的相關規定，並按規定進行信息披露。

第四，《銀信合作指引》對銀信理財產品的信息披露提出了更高的要求：要求銀行應當按照現有法律法規的規定和理財協議約定，及時、準確、充分、完整地向客戶披露信息。

第五，《銀信合作指引》對銀信合作其他內容的規定，基本沒有突破此前相關法規的規定。值得注意的是，第二十條規定「信託公司可以將信託財產投資於金融機構股權」。此條例看起來似乎和銀信業務合作沒有多少關係，但此項規定為未來信託公司以其信託財產投資於銀行股權提供了法律依據。

3.4.2.3 《銀信合作指引》出抬的效應分析

（1）對信息披露方面的規定有助於銀信業務合作的規範發展。《銀信合作指引》對「預期收益率」或「最高收益率」的有關規定，有助於讓客戶更準確、更及時地瞭解其所購買的銀信合作理財產品可能存在的風險和收益。在產品開發和設計方面，銀行和信託公司根據《銀信合作指引》相關規定，發揮各自的優勢開展合作，開發適應客戶需求的創新型產品，既有利於雙方的業務發展，又可以拓寬社會融資渠道，豐富金融投資品種，滿足客戶日益多樣化的金融需求。

（2）有助於規範銀信合作模式。銀行與信託公司開展業務合作，不僅應當遵守相關的法律和監管制度，符合國家宏觀政策、產業政策和環境保護政策等要求，還應當規範各自行為，在基本一致的標準下開展活動。《銀信合作指引》規定，信託公司應當勤勉盡責，獨立處理信託事務，銀行不得干預信託公司的管理行為；信託公司應當自主選擇貸款服務機構、資金保管機構、證券

登記託管機構，以及律師事務所、會計師事務所、評級機構等其他為證券化交易提供服務的機構，銀行不得代為指定。這些規定將有利於改變目前銀行與信託公司地位不平等的狀況。隨著信託公司實力的逐步提升，銀行與信託公司的合作將日趨規範。對於銀行之間最為常見的信託資產轉讓業務，《銀信合作指引》進一步明確了銀行不得為銀信理財合作涉及的信託產品及該信託產品項下財產運用對象等提供任何形式的擔保。

信託公司投資於銀行所持的信貸資產、票據資產等資產時，應當採取買斷方式，且銀行不得以任何形式回購。這加大了信託產品的風險，有助於信託公司風險管理水準的提高。由此前銀信合作的情形看，銀行多是從規避信貸額度限制、調整資產負債結構或者增加中間業務收入等方面考慮與信託公司開展此類合作的。此項規定實施後，如果銀信合作的理財產品沒有銀行擔保或回購承諾，又在信託公司缺乏足夠風險管理能力的前提下，信託公司將暴露在市場風險之中，沒有了銀行信用的銀信理財產品發行也許會受到較大的影響。

（3）有利於銀信業務合作的風險管理。銀行與信託公司合作，既有自身的經營管理風險，也有交易對手的投資風險。解決之道在於銀行與信託公司在各自職責範圍內建立相應的風險管理體系，完善風險管理制度；同時，加強對客戶風險偏好、風險認知能力和承受能力的調查評估，加強對投資者的風險教育。一方面，《銀信合作指引》為確保銀信理財產品中銀行與信託公司所進行的交易是「潔淨交易」出拾的相關措施，一定程度上可以控制信託公司關聯交易引致的違規業務操作的風險。另一方面，在銀信合作模式中，銀行憑藉著強大的銷售渠道和客戶資源而處在強勢地位，信託公司在價格談判中可能處於被動地位，即在銀信合作中銀行與信託公司的地位是不對稱的，因此，為了擴大市場份額，信託公司可能不惜打「價格戰」，導致費率越打越低。《銀信合作指引》雖然沒有明確針對這些問題給出規範性意見，但是，例如信託公司免於銀行干預的有關規定保證了信託公司在銀信合作業務中的獨立性，有利於信託公司談判實力的提升。

（4）信託公司機遇與挑戰並存。《銀信合作指引》在增加信託公司在銀信合作中業務獨立性的同時，也將給信託公司開展銀信合作業務帶來新的機遇和挑戰。

《銀信合作指引》對信託公司提出了更高的要求，如要求信託公司應當建立與銀信理財合作相適應的管理制度，包括但不限於業務立項審批制度、合規

管理和風險管理制度、信息披露制度等,並建立完善的前、中、後臺管理系統;要求信託公司應當勤勉盡責,獨立處理信託事務。因此,《銀信合作指引》為能夠在買斷銀行資產新模式下做好理財產品風險控制的信託公司提供了較大的業務發展空間。

（5）提高中國金融業發展水準。《銀信合作指引》頒布之後,按照相關的規定,銀信雙方將會制定合理的銀信合作業務發展戰略,通過不斷加強理財業務的人力資源建設、人員管理與培訓,逐步提高銀信合作產品的創新水準,開發適應市場需要、有生命力的銀信合作產品和合作模式,進而將中國金融業推向更高的發展水準。

3.4.3　中國銀監會發布《關於規範銀信類業務的通知》

隨著銀信合作業務的快速增長,其風險隱患也不斷暴露出來。為了規範銀信合作業務的健康發展,保護投資者合法權益,防範金融風險,中國銀監會又於 2017 年 12 月發布了《關於規範銀信類業務的通知》（本小節中以下簡稱《通知》）。

《通知》分別從商業銀行和信託公司雙方規範銀信類業務,並提出了加強銀信類業務監管的要求,共十條。《通知》的內容主要集中於四個方面並提出了新的要求,一是明確銀信類業務及銀信通道業務定義;二是規範銀信類業務中商業銀行的行為;三是規範銀信類業務中信託公司的行為;四是加強銀信類業務的監管。內容概要如表 3-6 所示。

表 3-6　《關於規範銀信類業務的通知》的內容概要

主要內容	具體內容
明確銀信類業務及銀信通道業務定義	明確將銀行表內外資金和收益權同時納入銀信類業務,並在此基礎上明確了銀信通道業務的定義
規範銀信類業務中商業銀行的行為	要求在銀信類業務中,銀行應按照實質重於形式原則,將穿透原則落實在監管要求中,並在銀信通道業務中還原業務實質
規範銀信類業務中信託公司的行為	從轉變發展方式和履行受託責任兩個方面對信託公司開展銀信類業務提出了要求
加強銀信類業務的監管	銀監會及其派出機構應加強銀信類業務的監管,應依法對銀信類業務違規行為採取按業務實質補提資本和撥備、實施行政處罰等監管措施

3.4.4 《商業銀行理財業務監督管理辦法》研究

商業銀行是目前中國擁有最多資金與資產的金融機構。為落實國家關於防範化解重大金融風險的決策部署，統一資產管理產品監管標準，推動商業銀行理財業務的規範健康發展，2018 年 7 月 20 日—8 月 19 日，銀保監會在向金融機構、行業自律組織、專家學者和社會公眾公開徵求意見的基礎上，對反饋意見逐條進行了認真研究，充分吸收科學合理的建議，經中國銀保監會 2018 年第 3 次主席會議通過，制定了《商業銀行理財業務監督管理辦法》（本小節中以下簡稱《辦法》）。該《辦法》作為《關於規範金融機構資產管理業務的指導意見》（簡稱「資管新規」）的配套實施細則，由中國銀保監會於 2018 年 9 月 26 日向社會發布並施行。

《辦法》第八十條規定自該法規公布之日起，同時廢止前期頒布的相關法律法規。同時，《辦法》還規定，該法規實施前頒布的商業銀行理財業務相關規章及規範性文件如與該法規不一致的，應當按照《辦法》執行。《辦法》第八十一條還規定該法規的過渡期是自施行之日起至 2020 年底。《辦法》對過渡期內商業銀行新發行理財產品做了如下五條具體規定：

（1）過渡期內，商業銀行新發行的理財產品應當符合本辦法規定。

（2）過渡期內，對於存量理財產品，商業銀行可以發行老產品對接存量理財產品所投資的未到期資產，但應當嚴格控制在存量產品的整體規模內，並有序壓縮遞減。

（3）商業銀行應當制定本行理財業務整改計劃，明確時間進度安排和內部職責分工，經董事會審議通過並經董事長簽批後，報送銀行業監督管理機構認可，同時報備中國人民銀行。

（4）銀行業監督管理機構監督指導商業銀行實施整改計劃，對於提前完成整改的商業銀行，給予適當監管激勵；對於未嚴格執行整改計劃或者整改不到位的商業銀行，適時採取相關監管措施。

（5）過渡期結束之後，商業銀行理財產品按照本辦法和《關於規範金融機構資產管理業務的指導意見》進行全面規範管理，因子公司尚未成立而達不到第三方獨立託管要求的情形除外；商業銀行不得再發行或者存續不符合《關於規範金融機構資產管理業務的指導意見》和本辦法規定的理財產品。

3.4.4.1 《辦法》的主要內容

《辦法》與「資管新規」充分銜接，共同構成了目前中國商業銀行開展理

財業務需要遵循的監管要求。從內容上來看，《辦法》共六章，分別為總則、分類管理、業務規則與風險管理、監督管理、法律責任、附則。《辦法》與「資管新規」的主旨保持一致，主要對商業銀行理財業務提出了如表 3-7 所示的十條具體的監管要求。

表 3-7 《商業銀行理財業務監督管理辦法》的主要內容

監管要求	監管目標	主要監管內容
實行分類管理	區分公募和私募產品	公募理財產品面向不特定社會公眾公開發行，私募理財產品面向不超過 200 名合格投資者非公開發行；同時，將單只公募理財產品的銷售起點由目前的 5 萬元降至 1 萬元
規範產品運作	實行淨值化管理	要求理財產品堅持公允價值計量原則，鼓勵以市值計量所投資資產；允許符合條件的封閉式理財產品採用攤餘成本計量；過渡期內，允許現金管理類理財產品在嚴格監管的前提下，暫參照貨幣市場基金估值核算規則，確認和計量理財產品的淨值
規範資金池運作	防範「影子銀行」風險	延續對理財產品單獨管理、單獨建帳、單獨核算的「三單」要求，以及非標準化債權類資產投資的限額和集中度管理規定，要求理財產品投資非標準化債權類資產需要期限匹配
去除通道	強化穿透管理	為防止資金空轉，延續理財產品不得投資本行或他行發行的理財產品規定；根據「資管新規」，要求理財產品所投資的資管產品不得再「嵌套投資」其他資管產品
設定限額	控制集中度風險	對理財產品投資單只證券或公募證券投資基金提出集中度限制
控制槓桿	有效管控風險	在分級槓桿方面，延續現有不允許銀行發行分級理財產品的規定；在負債槓桿方面，負債比例（總資產/淨資產）上限與「資管新規」保持一致
加強流動性風險管控	流動性管理	要求銀行加強理財產品的流動性管理和交易管理、強化壓力測試、規範開放式理財產品認購和贖回管理

表3-7(續)

監管要求	監管目標	主要監管內容
加強理財投資合作機構管理	合作機構資格管理	延續現行監管規定，要求理財產品所投資資管產品的發行機構、受託投資機構和投資顧問為持牌金融機構。考慮當前和未來市場發展需要，規定金融資產投資公司的附屬機構依法依規設立的私募股權投資基金除外，以及國務院銀行業監督管理機構認可的其他機構也可擔任理財投資合作機構，為未來市場發展預留空間
加強信息披露	更好地保護投資者利益	分別對公募理財產品、私募理財產品和銀行理財業務總體情況提出具體的信息披露要求
實行產品集中登記	加強理財產品合規性管理	延續現行做法，理財產品銷售前在「全國銀行業理財信息登記系統」進行登記，銀行只能發行已在理財系統登記並獲得登記編碼的理財產品，切實防範「虛假理財」和「飛單」

3.4.4.2 《辦法》內容解讀

《辦法》與「資管新規」充分銜接，共同構成銀行開展理財業務需要遵循的監管要求。《辦法》主要監管目標在於：嚴格區分公募和私募理財產品，加強投資者適當性管理；規範產品運作，實行淨值化管理；規範資金池運作，防範「影子銀行」風險；去除通道，強化穿透管理；設定限額，控制集中度風險；加強流動性風險管控，控制槓桿水準；加強理財投資合作機構管理，強化信息披露，保護投資者合法權益；實行產品集中登記，加強理財產品合規性管理等。

發布實施《辦法》，既是落實「資管新規」的重要舉措，也有利於細化銀行理財監管要求，消除市場不確定性，穩定市場預期，加快新產品研發，引導理財資金以合法、規範的形式進入實體經濟和金融市場；促進統一同類資管產品監管標準，更好保護投資者合法權益，逐步有序打破剛性兌付，有效防控金融風險。

3.4.4.3 《辦法》的主要新規定

如表3-8所示，《辦法》的新規定可以歸納為十大要點。

表 3-8　《商業銀行理財業務監督管理辦法》十大要點

1. 銀行私募理財銷售引入投資者冷靜期	在私募理財產品銷售方面，借鑑國內外通行做法，引入不少於 24 小時的投資冷靜期要求。冷靜期內，如投資者改變決定，銀行應當遵從投資者意願，解除已簽訂的銷售文件，並及時退還投資者的全部投資款項
2. 允許銀行公募理財通過公募基金投資股市	公募理財可以通過公募基金投資股票
	商業銀行理財產品可以投資於國債、地方政府債券、中央銀行票據、政府機構債券、金融債券、銀行存款、大額存單、同業存單、公司信用類債券、在銀行間市場和證券交易所市場發行的資產支持證券、公募證券投資基金、其他債權類資產、權益類資產以及國務院銀行業監督管理機構認可的其他資產
3. 理財子公司要獨立開展業務	《辦法》按照「資管新規」關於公司治理和風險隔離的相關要求，規定商業銀行應當通過具有獨立法人地位的子公司開展理財業務；暫不具備條件的，商業銀行總行應當設立理財業務專營部門，對理財業務實行集中統一經營管理
4. 可投資產支持票據（ABN）	在理財產品投資範圍、穿透管理和理財投資顧問管理等方面，採納市場反饋意見，進一步明確了相關要求，如明確在銀行間市場發行的資產支持證券（包括 ABN）屬於理財產品的投資範圍
5. 個人首次購買需進行面簽，但不強制網點面簽	在投資者保護方面，個人首次購買需進行面簽。延續現行監管要求，個人首次購買理財產品時，應在銀行網點進行風險承受能力評估和面簽
6. 強化信息披露，公募開放式理財每天披露	在與「資管新規」保持一致的同時，充分採納市場機構意見，進一步區分公募和私募理財產品，分別列示其信息披露要求：公募開放式理財產品應披露每個開放日的淨值，公募封閉式理財產品每週披露一次淨值，公募理財產品應按月向投資者提供帳單；私募理財產品每季度披露一次淨值和其他重要信息；銀行每半年向社會公眾披露本行理財業務總體情況
7. 非標資產不超過銀行總資產 4%	在限額上，要求銀行理財產品投資非標準化債權類資產的餘額，不得超過理財產品淨資產的 35% 或本行總資產的 4%
	在集中度上，要求投資單一債務人及其關聯企業的非標準化債權類資產餘額，不得超過本行資本淨額的 10%
8. 禁止通道和嵌套投資	在嵌套方面，要求縮短融資鏈條，為防止資金空轉，延續理財產品不得投資本行或他行發行的理財產品規定；根據「資管新規」，要求理財產品所投資的資管產品不得再嵌套投資其他資管產品
	在穿透式管理方面，要求銀行切實履行投資管理職責，不得簡單作為各類資管產品的資金募集通道；充分披露底層資產信息，做好理財系統信息登記工作

表3-8(續)

9. 開放式公募理財持有現金類資產不少於5%	在流動性管理方面，要求銀行在理財產品設計階段審慎決定是否採取開放式運作，開放式理財產品應當具有足夠的高流動性資產，並與投資者贖回需求相匹配
	開放式公募理財產品還應持有不低於理財產品資產淨值5%的現金或者到期日在一年以內的國債、中央銀行票據和政策性金融債券
10. 保本理財產品全部劃歸結構性存款或其他存款管理	這次新規規範的是22萬億非保本理財產品，銀行還有數萬億的保本理財產品，對於這類理財產品，銀保監會進行了分類，將其劃歸為存款
	保本理財產品按照是否掛鉤衍生產品，可以分為結構性理財產品和非結構性理財產品，應分別按照結構性存款或者其他存款進行管理。在銀行理財新規附則中對結構性存款提出了相關要求，包括：將結構性存款納入銀行表內核算，按照存款管理，相應納入存款準備金和存款保險保費的繳納範圍，相關資產應按規定計提資本和撥備等規定

3.4.5 《關於規範金融機構資產管理業務的指導意見》解讀

3.4.5.1 「資管新規」頒布的主要背景

如前所述，對於金融機構而言，金融理財業務與金融機構的資產管理業務有著非常密切的關係。近年，中國金融機構的資產管理業務存量規模穩定在100萬億元左右（見表3-9），在滿足居民財富管理需求、優化社會融資結構、支持實體經濟等方面也發揮了積極作用。

表3-9　2016—2018年中國金融機構的資產管理業務規模

單位：萬億元

金融機構資產管理業務分類	2016年	2017年	2018年
銀行表內理財產品	5.9	3.3	1.2
銀行表外理財產品	23.1	22.2	22.04
信託公司受託管理的資金信託餘額	17.5	21.9	18.9
公募基金	9.2	11.6	13.03
私募基金	10.2	11.1	12.7
證券公司資管計劃	17.6	16.9	13.4
基金及其子公司資管計劃	16.9	13.7	11.3
保險資管計劃	1.7	2.08	2.53

數據來源：萬得資訊數據。

自 2015 年中國新預算法施行後，地方政府債務風險經過地方政府債的發行有所緩解，但影子銀行問題始終沒有解決。在當前中國依然實行金融分業監管的模式下，「資產管理業務」成為影子銀行發展的主要渠道。通過資管業務渠道，金融機構向社會投資者募集的資金大量流向了高風險領域，為金融系統埋下了重大的隱患。

因此，監管機構建立能夠全面覆蓋、統一規制各類金融機構資產管理業務的規則，實行公平的市場准入和監管，最大限度地消除監管套利空間，切實保護金融消費者的合法權益，具有必要性和緊迫性。

在此背景下，為了規範金融機構資產管理業務，統一同類資產管理產品監管標準，有效防控金融風險，更好地服務實體經濟，在黨中央、國務院的領導下，中國人民銀行、中國銀行保險監督管理委員會、中國證券監督管理委員會、國家外匯管理局等部門，堅持問題導向，從彌補監管短板、提高監管有效性入手，於 2017 年 11 月 17 日，向社會發布了《關於規範金融機構資產管理業務的指導意見（徵求意見稿）》；2018 年 4 月 27 日，中國人民銀行、中國銀行保險監督管理委員會、中國證券監督管理委員會、國家外匯管理局聯合印發了《關於規範金融機構資產管理業務的指導意見》。

3.4.5.2 「資管新規」的主要意義

「資管新規」頒布的意義主要體現在以下幾個方面：

第一，「資管新規」根據中國金融行業發展現狀和混業經營的現實，按照「堅決打好防範化解重大風險攻堅戰」的決策部署，針對金融領域的問題和隱患，對各種不同性質的資管產品制定統一的監管標準，實行公平的市場准入和監管，目的在於消除監管套利空間，防止產品過於複雜，更好地服務實體經濟，防止風險的跨行業、跨市場、跨區域傳遞等系統性金融風險的誘因，同時又為資管業務的健康發展創造了良好的制度環境。

第二，「資管新規」嚴格了非標準化債權類資產投資要求，禁止資金池，防範影子銀行風險和流動性風險；堅持防範風險與有序規範相結合，合理設置了存續資管產品過渡期，給予了金融機構資產管理業務有序整改和轉型時間，確保了金融市場的穩定運行。

第三，「資管新規」堅持問題導向，提高了監管的針對性，明確了加強監管協調，強化了宏觀審慎管理和功能監管，標誌著中國資產管理行業向統一監管的方向又邁出了重要一步。

總體來看,「資管新規」對於資產管理行業提出的統一監管的思路,對於克服目前困擾中國資產行業的監管套利問題和不公平競爭的現象,起到了重要的推動作用。由於從事資產管理行業的不同機構在新規下必須接受同樣的監管,長期以來困擾資產管理行業的主要問題,即不同監管主體、不同監管思路、不同准入標準、不同執行力度等現象,均可逐漸得以解決。

值得一提的是,「資管新規」中體現了「公平准入」或者叫「公平待遇」的思路,這將為市場長期穩定公平發展打下堅實基礎。同時,從全行業的角度來說,統一監管框架不但增加了透明度,而且降低了管理成本,一定程度上也有助於降低投資者的投資費用並增加其投資淨收益,真正促進金融更好地服務於實體經濟。

3.4.5.3 「資管新規」的總體思路和原則

「資管新規」明確了未來資產管理業務發展的總體思路,以及規範金融機構資產管理業務的主要原則。具體而言,「資管新規」所明確未來資產管理業務發展的總體思路是:按照資管產品的類型制定統一的監管標準,對同類資管業務做出一致性規定,實行公平的市場准入和監管,最大限度地消除監管套利空間,為資管業務健康發展創造良好的制度環境。

在此總體思路下,「資管新規」又從以下幾個方面落實對資管業務監管的具體措施:

第一,「資管新規」要求金融監管部門加強監管協調,強化宏觀審慎管理,按照「實質重於形式」原則,實施功能監管和行為監管的結合。其中,人民銀行主要負責加強對資管業務的宏觀審慎管理,建立資管業務的宏觀審慎政策框架,從宏觀、逆週期、跨市場的角度加強監測、評估和調節。其他金融監管部門則主要負責在資管業務的市場准入和日常監管中,根據資管產品類型強化功能監管,加強對金融機構的行為監管,加大對金融消費者的保護力度。

第二,「資管新規」要求金融監管部門按照資管產品的業務實質屬性,進行監管穿透,向上穿透識別產品的最終投資者是否為合格投資者,向下穿透識別產品的底層資產是否符合投資要求,建立覆蓋全部資管產品的綜合統計制度。

第三,「資管新規」要求金融監管部門加強監管協調,在「資管新規」框架內研究制定配套細則,配套細則之間應相互銜接,避免產生新的監管套利和不公平競爭。

第四,「資管新規」要求金融監管部門應持續評估「資管新規」監管標準的有效性,適應經濟金融改革發展變化,適時調整「資管新規」。

「資管新規」明確資產管理業務發展的主要原則如表3-10所示。

表3-10 「資管新規」明確資產管理業務發展的主要原則

主要原則	主要原則內容
堅持嚴控風險的底線思維	把防範和化解資產管理業務風險放到更加重要的位置,減少存量風險,嚴防增量風險
堅持服務實體經濟的根本目標	既充分發揮資產管理業務功能,切實服務實體經濟投融資需求,又嚴格規範引導,避免資金脫實向虛在金融體系內部自我循環,防止產品過於複雜而加劇風險跨行業、跨市場、跨區域傳遞
堅持宏觀審慎管理與微觀審慎監管相結合、機構監管與功能監管相結合的監管理念	實現對各類機構開展資產管理業務的全面、統一覆蓋,採取有效監管措施,加強金融消費者權益保護
堅持有的放矢的問題導向	重點針對資產管理業務的多層嵌套、槓桿不清、套利嚴重、投機頻繁等問題,設定統一的標準規制,同時對金融創新堅持趨利避害、一分為二,留出發展空間
堅持積極穩妥審慎推進	正確處理改革、發展、穩定的關係,堅持防範風險與有序規範相結合,在下決心處置風險的同時,充分考慮市場承受能力,合理設置過渡期,把握好工作的次序、節奏、力度,加強市場溝通,有效引導市場預期

3.4.5.4 「資管新規」的適用範圍及一般要求

「資管新規」主要適用於金融機構的資產管理業務,這種業務主要是目前銀行、信託公司、證券公司、基金公司、期貨公司、保險資產管理機構、金融資產投資公司等金融機構接受投資者的委託,對受託的投資者財產進行投資和管理的金融服務活動。

在此服務過程中,「資管新規」要求金融機構應為委託人的利益履行勤勉盡責義務,可以收取相應的管理費用。但是,「資管新規」明確金融機構從事資產管理業務不得承諾保本保收益,應當打破剛性兌付,委託人應在獲得收益的同時自擔投資風險。金融機構可以與委託人在合同中事先約定,對於上述資產管理服務收取合理的業績報酬,業績報酬計入管理費,並與產品一一對應逐個結算,不同產品之間不得相互串用。

「資管新規」明確指出「資產管理業務」是金融機構的表外業務。出現兌

付困難時，金融機構不得以任何形式墊資兌付。金融機構不得在表內開展資產管理業務。

3.4.5.5 「資管新規」對資管產品的分類和要求

從資產管理業務所形成的產品角度而言，「資管產品」包括銀行非保本理財產品，資金信託計劃，證券公司、證券公司子公司、基金管理公司、基金管理子公司、期貨公司、期貨公司子公司和保險資管機構發行的資管產品等。對資管產品進行分類，明確何為同類資管產品，是統一監管標準規制的基礎。「資管新規」主要從「資金募集方式」與「資金投向」兩個維度對「資管產品」進行了分類，並要求金融機構在發行資產管理產品時，應當按照分類標準向投資者明示資產管理產品的類型，並按照確定的產品性質進行投資（詳見表3-11）。

「資管新規」要求在產品成立後至到期日前，不得擅自改變產品類型。同時，「資管新規」要求混合類產品投資債權類資產、權益類資產和商品及金融衍生品類資產的比例範圍應當在發行產品時予以確定並向投資者明示，在產品成立後至到期日前不得擅自改變；產品的實際投向不得違反合同約定，如有改變，除高風險類型的產品超出比例範圍投資較低風險資產外，應當先行取得投資者書面同意，並履行登記備案等法律法規以及金融監督管理部門規定的程序。

「資管新規」對資管產品依據以上兩個維度進行分類的目的在於：

一是按照「實質重於形式」原則強化功能監管。實踐中，不同行業金融機構開展資管業務，按照機構類型適用不同的監管規則和標準，導致監管套利等問題。因此，「資管新規」按照業務功能對資管產品進行了分類，對同類產品適用統一的監管標準。

二是貫徹「合適的產品賣給合適的投資者」理念。一方面，「資管新規」將公募產品和私募產品分別對應社會公眾和合格投資者兩類不同投資群體，體現了不同的投資者適當性管理要求；另一方面，「資管新規」明確按照統一負債和分級槓桿對資管產品進行分類，禁止資管產品的多層嵌套，抑制了通道類業務。「資管新規」要求金融機構根據資金投向將資管產品分為不同類型，以此區分產品風險等級，並要求資管產品發行時明示產品類型，避免「掛羊頭賣狗肉」，損害金融消費者權益。

表 3-11 「資管新規」對資管產品的分類

分類標準	類別	資管產品主要特徵	信息披露要求
資金募集方式	公募產品	面向不特定社會公眾發行，風險外溢性強，在投資範圍、槓桿約束、信息披露等方面監管要求較私募嚴格	應當建立嚴格的信息披露管理制度，明確定期報告、臨時報告、重大事項公告、投資風險披露要求以及具體內容、格式。在本機構官方網站或者通過投資者便於獲取的方式披露產品淨值或者投資收益情況，並定期披露其他重要信息；開放式產品按照開放頻率披露，封閉式產品至少每週披露一次
		主要投資風險低、流動性強的標準化債權資產以及上市交易的股票，除法律法規另有規定外，不得投資未上市股權	
		可以投資商品及金融衍生品，但應當符合法律法規以及金融管理部門的相關規定	
	私募產品	面向擁有一定規模金融資產、風險識別和承受能力較強的合格投資者發行	信息披露方式、內容、頻率由產品合同約定，但金融機構應當至少每季度向投資者披露產品淨值和其他重要信息
		投資範圍由合同約定，可以投資債權類資產、上市或掛牌交易的股票、未上市企業股權（含債轉股）和受（收）益權，以及符合法律法規規定的其他資產，並嚴格遵守投資者適當性管理要求。鼓勵充分運用私募產品支持市場化、法治化債轉股	

表3-11(續)

分類標準	類別	資管產品主要特徵	信息披露要求
資金投向	固定收益類產品	投資於存款、債券等債權類資產的比例不低於80%	應當通過醒目方式向投資者充分披露和提示產品的投資風險，包括但不限於產品投資債券面臨的利率、匯率變化等市場風險以及債券價格波動情況，產品投資每筆非標準化債權類資產的融資客戶、項目名稱、剩餘融資期限、到期收益分配、交易結構、風險狀況等
	商品及金融衍生品類產品	投資於商品及金融衍生品的比例不低於80%	應當通過醒目方式向投資者充分披露產品的掛鈎資產、持倉風險、控制措施以及衍生品公允價值變化等
	權益類產品	投資於股票、未上市企業股權等權益類資產的比例不低於80%	應當通過醒目方式向投資者充分披露和提示產品的投資風險，包括產品投資股票面臨的風險以及股票價格波動情況等
	混合類產品	投資於債權類資產、權益類資產、商品及金融衍生品類資產且任一資產的投資比例未達到前三類產品標準	應當通過醒目方式向投資者清晰披露產品的投資資產組合情況，並根據固定收益類、權益類、商品及金融衍生品類資產投資比例充分披露和提示相應的投資風險

3.4.5.6 「資管新規」對投資者的分類和要求

「資管新規」將資產管理產品的投資者分為「不特定社會公眾」和「合格投資者」兩大類。「合格投資者」是指「具備相應風險識別能力和風險承擔能力，投資於單只資產管理產品不低於一定金額且符合下列條件的自然人和法人或者其他組織」（詳見表3-12）。「資管新規」要求合格投資者投資於單只固定收益類產品的金額不低於30萬元，投資於單只混合類產品的金額不低於40萬元，投資於單只權益類產品、單只商品及金融衍生品類產品的金額不低於100萬元。「資管新規」明確要求投資者不得使用貸款、發行債券等方式籌集的非自有資金來投資資產管理產品。

表 3-12 「資管新規」明確的合格投資者主要條件

合格投資者條件	合格投資者條件具體內容
投資經歷	具有 2 年以上投資經歷，且滿足以下條件之一：家庭金融淨資產不低於 300 萬元，家庭金融資產不低於 500 萬元，或者近 3 年本人年均收入不低於 40 萬元
淨資產條件	最近 1 年末淨資產不低於 1,000 萬元的法人單位
其他	金融管理部門視為合格投資者的其他情形

3.4.5.7 「資管新規」對金融機構的要求

由於資管業務是「受人之托、代人理財」的金融服務，為保障委託人的合法權益，「資管新規」要求金融機構須符合一定的資質要求，並切實履行管理職責（詳見表 3-13）。

表 3-13 「資管新規」對金融機構資質的要求

資格條件分類	資格條件具體內容
資產管理業務機構資格	金融機構開展資產管理業務，應當具備與資產管理業務發展相適應的管理體系和管理制度，公司治理良好，風險管理、內部控制和問責機制健全
資產管理業務人員資格	金融機構應當建立健全資產管理業務人員的資格認定、培訓、考核評價和問責制度，確保從事資產管理業務的人員具備必要的專業知識、行業經驗和管理能力，充分瞭解相關法律法規、監管規定以及資產管理產品的法律關係、交易結構、主要風險和風險管控方式，遵守行為準則和職業道德標準
資產管理業務人員處罰措施	對於違反相關法律法規以及本意見規定的金融機構資產管理業務從業人員，依法採取處罰措施直至取消從業資格，禁止其在其他類型金融機構從事資產管理業務

「資管新規」強化了金融機構的勤勉盡責和信息披露義務，要求金融機構加強對投資者適當性管理。同時，「資管新規」要求金融機構運用受託資金進行投資時，應當堅持產品和投資者匹配原則，遵守審慎經營規則，制定科學合理的投資策略和風險管理制度，有效防範和控制風險。金融機構應當履行其管理人職責（詳見表 3-14）。「資管新規」明確指出如果金融機構未按照誠實信用、勤勉盡責原則切實履行受託管理職責，造成投資者損失的，應當依法向投資者承擔賠償責任。

表 3-14　「資管新規」要求金融機構作為管理人的主要職責

管理人主要職責	管理人職責具體內容
募集資金	依法募集資金，辦理產品份額的發售和登記事宜
產品登記	辦理產品登記備案或者註冊手續
財產管理	對所管理的不同產品受託財產分別管理、分別記帳，進行投資
收益分配	按照產品合同的約定確定收益分配方案，及時向投資者分配收益
會計核算	進行產品會計核算並編製產品財務會計報告
淨值管理	依法計算並披露產品淨值或者投資收益情況，確定申購、贖回價格
信息披露	辦理與受託財產管理業務活動有關的信息披露事項
資料保存	保存受託財產管理業務活動的記錄、帳冊、報表和其他相關資料
利益代表	以管理人名義，代表投資者利益行使訴訟權利或者實施其他法律行為
保證兌付	在兌付受託資金及收益時，金融機構應當保證受託資金及收益返回委託人的原帳戶、同名帳戶或者合同約定的受益人帳戶
其他職責	金融監督管理部門規定的其他職責

3.4.5.8　「資管新規」對投資資產的禁止性規定

「資管新規」對資產管理產品所投資資產的範圍做出了明確規定（詳見表 3-15）。同時，「資管新規」還鼓勵金融機構在依法合規、商業可持續的前提下，通過發行資產管理產品募集資金投向符合國家戰略和產業政策要求、符合國家供給側結構性改革政策要求的領域；「資管新規」鼓勵金融機構通過發行資產管理產品募集資金支持經濟結構轉型，支持市場化、法治化債轉股，降低企業槓桿率。但是，「資管新規」明確跨境資產管理產品及業務應當符合跨境人民幣和外匯管理有關規定。

表 3-15　「資管新規」對投資資產範圍的規定

投資資產分類	資產細分	資產標準
可投資資產	標準化債權類資產	①等分化，可交易；②信息披露充分；③集中登記，獨立託管；④公允定價，流動性機制完善；⑤在銀行間市場、證券交易所市場等經國務院同意設立的交易市場交易
	非標準化債權類資產	應當遵守金融監督管理部門制定的有關限額管理、流動性管理等監管標準

表3-15(續)

投資資產分類	資產細分	資產標準
禁止投資資產	商業銀行信貸資產	金融機構不得將資產管理產品資金直接投資於商業銀行信貸資產。商業銀行信貸資產收益權的投資限制由金融管理部門另行制定
	法律法規和國家政策禁止進行債權或股權投資的行業和領域	資產管理產品不得直接或者間接投資法律法規和國家政策禁止進行債權或股權投資的行業和領域

3.4.5.9 「資管新規」的主要新規定

與前期的資管業務監管制度相比，「資管新規」的主要新意體現在打破剛性兌付、規範資金池業務、控制產品槓桿等幾個方面（詳見表3-16）。

表3-16 「資管新規」的主要新規定

新規定事項	主要內容
打破剛性兌付	金融機構開展資產管理業務時不得承諾保本保收益。出現兌付困難時，金融機構不得以任何形式墊資兌付。金融機構應當加強投資者教育，不斷提高投資者的金融知識水準和風險意識，向投資者傳遞「賣者盡責、買者自負」的理念，打破剛性兌付
投資者保護	金融機構不得通過拆分資產管理產品的方式，向風險識別能力和風險承擔能力低於產品風險等級的投資者銷售資產管理產品
投資者適當性管理	金融機構發行和銷售資產管理產品，應當堅持「瞭解產品」和「瞭解客戶」的經營理念，加強投資者適當性管理，向投資者銷售與其風險識別能力和風險承擔能力相適應的資產管理產品。禁止詐欺或者誤導投資者購買與其風險承擔能力不匹配的資產管理產品
信息披露	對於公募產品，金融機構應當建立嚴格的信息披露管理制度，明確定期報告、臨時報告、重大事項公告、投資風險披露要求以及具體內容、格式。在本機構官方網站或者通過投資者便於獲取的方式披露產品淨值或者投資收益情況，並定期披露其他重要信息：開放式產品按照開放頻率披露，封閉式產品至少每週披露一次

表3-16(續)

新規定事項	主要內容
第三方獨立託管	過渡期內，具有證券投資基金託管業務資質的商業銀行可以託管本行理財產品，但應當為每只產品單獨開立託管帳戶，確保資產隔離。過渡期後，具有證券投資基金託管業務資質的商業銀行應當設立具有獨立法人地位的子公司開展資產管理業務，該商業銀行可以託管子公司發行的資產管理產品，但應當實現實質性的獨立託管
三單管理	金融機構應當做到每只資產管理產品的資金單獨管理、單獨建帳、單獨核算，不得開展或者參與具有滾動發行、集合運作、分離定價特徵的資金池業務
非標期限匹配	資產管理產品直接或者間接投資於非標準化債權類資產的，非標準化債權類資產的終止日不得晚於封閉式資產管理產品的到期日或者開放式資產管理產品的最近一次開放日
集中度管理	金融機構應當控制資產管理產品所投資資產的集中度： ①單只公募資產管理產品投資單只證券或者單只證券投資基金的市值不得超過該資產管理產品淨資產的10%； ②同一金融機構發行的全部公募資產管理產品投資單只證券或者單只證券投資基金的市值不得超過該證券市值或者證券投資基金市值的30%。其中，同一金融機構全部開放式公募資產管理產品投資單一上市公司發行的股票不得超過該上市公司可流通股票的15%； ③同一金融機構全部資產管理產品投資單一上市公司發行的股票不得超過該上市公司可流通股票的30%。金融監督管理部門另有規定的除外
淨值化管理	金融機構對資產管理產品應當實行淨值化管理，淨值生成應當符合企業會計準則規定，及時反應基礎金融資產的收益和風險，由託管機構進行核算並定期提供報告，由外部審計機構進行審計確認，被審計金融機構應當披露審計結果並同時報送金融管理部門。金融資產堅持公允價值計量原則，鼓勵使用市值計量。符合以下條件之一的，可按照企業會計準則以攤餘成本進行計量： ①資產管理產品為封閉式產品，且所投金融資產以收取合同現金流量為目的並持有到期； ②資產管理產品為封閉式產品，且所投金融資產暫不具備活躍交易市場，或者在活躍市場中沒有報價，也不能採用估值技術可靠計量公允價值
負債要求	資產管理產品應當設定負債比例（總資產/淨資產）上限，同類產品適用統一的負債比例上限。每只開放式公募產品的總資產不得超過該產品淨資產的140%；每只封閉式公募產品、每只私募產品的總資產不得超過該產品淨資產的200%

表3-16(續)

新規定事項	主要內容
份額分級	公募產品和開放式私募產品不得進行份額分級；分級私募產品的總資產不得超過該產品淨資產的140%。分級私募產品應當根據所投資資產的風險程度設定分級比例（優先級份額/劣後級份額，中間級份額計入優先級份額）。固定收益類產品的分級比例不得超過3：1，權益類產品的分級比例不得超過1：1，商品及金融衍生品類產品、混合類產品的分級比例不得超過2：1。發行分級資產管理產品的金融機構應當對該資產管理產品進行自主管理，不得轉委託給劣後級投資者。分級資產管理產品不得直接或者間接對優先級份額認購者提供保本保收益安排

4 中國白酒金融理財產品開發現狀研究

4.1 中國白酒金融理財產品開發的背景分析

任何事物的發展都與其所依託的背景密不可分，中國白酒金融理財產品的發展也不例外。作為金融理財產品的一個分支，白酒金融理財產品是在中國金融理財產品快速發展的大背景下產生的。除此之外，白酒金融理財產品的產生也與白酒行業自身發展的特徵密切相關。

新中國成立後，中國白酒行業經歷了恢復、發展、調整、繁榮四個不同發展階段。截至 2009 年年底，中國白酒行業約有生產企業 1.8 萬家，其中獲得生產許可證的企業有 8,821 家，白酒行業呈完全市場競爭狀態。與此同時，國家的產業政策也進一步加劇了白酒行業的競爭。2012 年 12 月 4 日，中共中央政治局召開會議，審議通過了中央政治局關於改進工作作風、密切聯繫群眾的「八項規定」。「八項規定」第一條便明確指出「要輕車簡從、減少陪同、簡化接待，不張貼懸掛標語橫幅，不安排群眾迎送，不鋪設迎賓地毯，不擺放花草，不安排宴請」。此後，中共中央及各部委陸續出拾法律法規和制度規定嚴格控制「三公經費」；2012 年 12 月 21 日，中央軍委又出拾了《中央軍委加強自身作風建設十項規定》（也稱「十項規定」），「十項規定」第九條明確提出「不安排宴請，不喝酒，不上高檔菜肴」。根據這項規定，全軍上下對飲酒行為做出嚴格約束，對公款吃喝、過量飲酒、工作日飲酒等採取了明確的懲戒措施。

白酒行業的「醜聞」也進一步加劇了白酒行業的競爭。2012 年 11 月 19

日，A 股上市公司酒鬼酒被網絡爆料由上海天祥質量技術服務有限公司查出產品塑化劑超標 2.6 倍。自「酒鬼酒塑化劑含量超標 260%」消息正式傳出，僅僅一天時間，不僅酒鬼酒股票臨時停牌，A 股白酒板塊也全線遭受重挫。截至收盤時，因「塑化劑」事件深滬兩市白酒股總市值共蒸發近 330 億元，跌幅前 15 的個股中，酒類占據了 10 席。

總體來看，在經歷了十多年的高速增長後，中國白酒行業迎來了陣痛期。

在這一背景下，營銷策略成為決定白酒企業能否在激烈市場競爭中生存與發展的關鍵因素。傳統白酒營銷模式中廣告、人員費用開支較大，這促使白酒企業開始不斷創新營銷模式，以在激烈的市場競爭中尋求突圍。

其他酒類金融理財產品的開發，也對中國白酒金融理財產品的產生起到了示範引領作用。2008 年 7 月 10 日，由中國工商銀行、中海信託股份有限公司、中糧集團聯手開發了中國第一款紅酒信託收益權理財產品——君頂酒莊紅酒信託收益權理財產品。該產品所採用的「期酒認藏消費+投資理財」模式促進了紅酒的大批量規模化銷售，這也對中國白酒金融理財產品的開發起到了直接啟示作用。

此外，與其他類型的投資品種相比，酒類收藏投資的優勢不斷顯現，也是推動白酒金融理財產品發展的重要原因。因酒類收藏投資集收藏性、品鑒性、投資性於一體，以及近年來酒類收藏投資品在國際各大拍賣場上的不凡價值表現，使得酒類收藏投資品獲得了「液體黃金」的美譽。酒類收藏投資的不斷升溫，也直接培育了一批潛在的白酒金融理財產品投資者。

2013 年 6 月 2 日，歌德盈香春季拍賣會「濃香萬里」——原壇古井貢酒專場創下兩個新高：一是以高達 6,175.5 萬元的成交額創下白酒專場拍賣單場成交額歷史最高紀錄；二是單壇古井貢原酒老酒以 1,357 萬元的高價成為白酒拍賣場上單一標的物成交額的歷史最高。陳年老酒的收藏在中國雖處於起步階段，但也迅速得到了投資收藏愛好者的青睞。

總體來看，中國的白酒金融理財產品是在中國白酒行業市場競爭激烈、酒類金融理財產品開發，以及投資者逐步形成等背景下產生的新生事物。

4.2 中國市場發行的主要酒類理財產品

4.2.1 中國工商銀行君頂酒莊紅酒理財產品

2008年7月10日，中國工商銀行、中海信託股份有限公司、中糧集團有限公司在北京聯合舉行「工商銀行、中海信託、中糧集團期酒消費+投資理財項目」簽約儀式暨新聞發布會，正式推出君頂酒莊紅酒信託收益權理財產品。此次工商銀行推出的紅酒信託收益權理財產品將面向該行的私人銀行客戶和優質個人、法人客戶發行，募集的資金將認購由工商銀行委託中海信託設立的「君頂酒莊紅酒信託收益權計劃」。該信託計劃將買入君頂酒莊持有干紅葡萄酒2006年份期酒的收益權。本次期酒理財產品以1桶為1個認購單位，期限為18個月。

此次推出的這款葡萄酒期酒理財產品，發行標的很特別，每份30萬元的理財產品可選擇不同的期酒組合：或3桶「君頂東方」，或2桶「君頂尊悅」，或1桶「君頂天悅」加1桶「君頂東方」。每桶約可灌裝300瓶葡萄酒。也即，投資者可以333元/瓶投資900瓶「君頂東方」，或以500元/瓶投資600瓶「君頂尊悅」，或以500元/瓶投資「君頂尊悅」「君頂東方」各300瓶。該理財產品計劃告知投資者，18個月後當該理財產品到期時，投資者若選擇現金方式行權，該產品的主要發行人中糧集團負責對葡萄酒回購，回購價格按年化8%的預期收益率上浮；投資者若選擇以實物方式行權，可選擇提取與該理財產品計劃中約定的價格等值的實物。

表4-1為「君頂酒莊」信託收益權理財產品一覽表。

表4-1　「君頂酒莊」信託收益權理財產品一覽表

產品名稱	「君頂酒莊」信託收益權理財產品		
發行銀行	中國工商銀行		
委託期限	起息日	2008年7月10日	
	到期日	2010年1月10日	
預期最高收益率	8%	投資幣種	人民幣
基礎資產	君頂酒莊葡萄酒產品「東方」「尊悅」「天悅」三個系列		

表4-1(續)

理財收益 實現方式	1. 酒裝瓶後，客戶可向中國工商銀行提出紅酒消費申請，當客戶消費後，除得所消費紅酒外，還將獲得折合年化約為8%的紅酒實物收益率； 2. 理財產品到期時，投資者選擇以現金方式分配理財收益，君頂酒莊將回購未行權的紅酒，回購價格為年化8%的收益率，中糧集團旗下中糧酒業將為該回購行為提供擔保
流動性條款	銀行、客戶均無權提前終止該產品
收益類型	非保本浮動收益型、實期結合型

數據來源：中國工商銀行官網。

4.2.2 中國建設銀行昆明雲南紅葡萄酒理財產品

2009年中國建設銀行雲南省分行聯合昆明雲南紅酒業發展有限公司、國投信託有限公司推出了一款「雲南紅葡萄酒財產信託收益權理財產品」。該款紅酒信託收益權理財產品由昆明雲南紅酒業發展有限公司與國投信託有限公司合作設立信託計劃，投資人通過購買該信託計劃對應的財產收益權獲得相應的投資權益。該款產品發行規模為4,000萬元，預計年化收益率為6.5%，高於同期市場上銀行存款利率及國債、銀行人民幣理財產品等的收益率，投資期限為18個月。投資人認購單位為「份」，1份為一個認購單位，每份50萬元。

業界認為儘管該款理財產品承諾的預期收益較高，但產品本身的風險依然很大。這是因為受發行該款理財產品的民營企業——昆明雲南紅酒業發展有限公司的資信影響，該款理財產品有較大的利率違約風險；同時，變幻莫測的紅酒市場環境也可能令投資者面臨巨額虧損。作為該款理財產品發行方的昆明雲南紅酒業發展有限公司僅僅對投資者承諾了一個回購利率，而在產品到期時，這一利率能否最終兌現，存在較大不確定性。雖然該款理財產品承諾投資者的收益率較高，但受紅酒市場容量較小的影響，以及二級市場交易平臺的缺乏，該款產品的流動性也較差。

表4-2為昆明雲南紅葡萄酒信託收益權理財產品一覽表。

表4-2 昆明雲南紅葡萄酒信託收益權理財產品一覽表

產品名稱	昆明雲南紅葡萄酒信託收益權理財產品
發行銀行	中國建設銀行雲南分行

表4-2(續)

委託期限	起息日	2009年1月8日
	到期日	2010年7月8日
預期最高收益率	6.5%	投資幣種	人民幣
基礎資產	該產品由999級、9999級及99999級葡萄酒和高原魂38度、43度葡萄烈酒五個系列產品組成	
理財收益實現方式	1. 以葡萄酒實物形式獲取投資本金和年化6.5%的收益。葡萄酒裝瓶後，客戶可以在信託收益權投資期隨時向昆明雲南紅酒業發展有限公司提出葡萄酒消費的申請（無須當場現金結算）；信託收益權投資期結束時，投資者可向昆明雲南紅酒業發展有限公司提出以葡萄酒實物形式回購自己持有的信託收益權 2. 以現金的形式獲取投資本金和年化6.5%的收益。投資者選擇以現金方式獲取理財收益，則昆明雲南紅酒業發展有限公司將在信託收益權投資期屆滿時以現金回購投資者持有的信託收益權	
流動性條款	銀行、客戶均無權提前終止該產品	
收益類型	非保本浮動收益型、實期結合型	

數據來源：中國社會科學院金融研究所金融產品中心。

4.2.3 民生銀行國窖1573高端定制白酒收益選擇權理財計劃

2009年9月中國民生銀行推出「國窖1573高端定制白酒收益選擇權理財計劃」。該款理財產品存續期一年，認購者購買產品後可以同時享有瀘州老窖國窖1573定制酒優先選購權。每位客戶限購該款理財產品25萬元，對應10壇每壇3斤6兩的國窖原酒。該理財產品採用期權發行方式，認購期為1年，期滿後投資者可選擇實物行權，也可選擇贖回本金，並獲得4%的投資收益。

作為一款銀行理財產品，該產品的一年期收益率高於同期銀行定期存款利率1.75個百分點，處於同類產品中等偏上的水準，風險適中。在當時證券市場高度震盪、房價成交再度萎縮的背景下，屬於十分穩健的資產配置選擇。更重要的是，該產品主要面向風險承受能力較高的投資者，為其提供了投資高檔定制白酒的機會。但是，如果產品到期，企業不能按時足額支付贖回款項，該產品將可能發生風險，因此這款產品屬於非保本保息理財產品範疇。

表4-3為民生銀行國窖1573高端定制白酒收益選擇權理財計劃認購標準。

表 4-3　民生銀行國窖 1573 高端定制白酒收益選擇權理財計劃認購標準

產品名稱	國窖 1573 高端定制白酒收益選擇權理財計劃		
發行銀行	中國民生銀行		
委託期限	起息日	2009 年 9 月 20 日	
	到期日	2010 年 9 月 20 日	
預期最高收益率	4%	投資幣種	人民幣
基礎資產	25 萬元＝10 壇×3 斤 6 兩/壇 國窖原酒		
支付條款	投資週期 12 個月，期滿後投資者可贖回本金，並獲得 4%的投資收益		
流動性條款	銀行、客戶均無權提前終止該產品		
收益類型	非保本浮動收益型、實期結合型		

數據來源：鳳凰財經網。

4.2.4　中國銀行五糧液酒廠六十年釀神封藏限量酒信託計劃

2012 年 3 月，中國銀行推出了一款定向投資於「五糧液酒廠六十年釀神封藏限量酒」的理財產品。該款理財產品募集說明書顯示，該款理財產品合作方為「六十年釀神封藏限量酒」全球唯一總經銷商「永利鑫隆」，其擁有的權威總經銷商渠道保證了酒的品質和數量。而中國銀行不對該款理財產品對應的白酒實物的品質負責。該款理財產品對應的 3,000 瓶五糧液限量酒可能由於暴雨、洪水等自然災害而毀損、滅失，或在配送過程中破碎、滅失。在永利鑫隆又無法補足的情況下，該款理財產品投資者可能面臨無法取得以五糧液限量酒實物分配投資收益的風險。

為激勵投資者選擇實物行權，募集說明書中約定在前 6 個行權日選擇實物行權的客戶，可獲贈價值 888 元/瓶的「五糧液釀神典藏酒」。該款理財產品的宣傳資料顯示，該理財產品的實物行權價格為 1.98 萬元/壇。相比「六十年釀神封藏限量酒」的市場價格（2.98 萬元/壇）而言，有較大投資空間。

表 4-4 為中國銀行五糧液酒廠六十年釀神封藏限量酒信託計劃一覽表。

表4-4 中國銀行五糧液酒廠六十年釀神封藏限量酒信託計劃一覽表

產品名稱	五礦信託-文富·永利二期結構化五糧液酒廠六十年釀神封藏限量酒投資集合信託計劃		
發行銀行	中國銀行		
委託期限	起息日	2012年3月12日	
	到期日	2013年3月11日	
預期最高收益率	7.65%	投資幣種	人民幣
發行規模	12,357萬元	投資門檻	100萬元
資金運用情況	委託人基於對受託人的信任,將其合法所有或合法管理的財產委託給受託人,由受託人按信託文件的規定,以受託人的名義,依據A級委託人的指令將信託資金投資於銀行存款;信託財產中的實物,以受託人的名義,由受託人或受託人指定的第三人進行管理。受託人以投資者最大利益為原則而管理、運用和處分信託財產,為投資者獲取投資收益		
信用增級情況	受託人將信託財產中的貨幣資產用於銀行存款;信託財產中的限量酒由受託人委託專業的倉儲公司保管和管理,後期限量酒的配送由B級委託人負責		
其他相關信息	1. A級收益權預期收益率分別為7.65%(未行權部分)和4.15%(已行權部分);B級收益權預期收益為浮動收益,預期收益不得超過本合同約定的A級受益人已行權的物流配送費用 2. 本集合募集不超過人民幣12,357.38萬元。其中A級收益權低於人民幣5,940萬元,現金認購;B級收益權低於人民幣5,940萬元(以限量酒實物作價)及現金477.38萬元認購		

數據來源:用益信託工作室·和訊網製表。

4.2.5 中國工商銀行瀘州老窖特曲絕版老酒世博理財產品

2010年6月中國工商銀行與瀘州老窖股份有限公司,共同推出中國首款世博概念金融理財產品「瀘州老窖特曲絕版老酒」。該理財產品募集說明書顯示,該產品由中國工商銀行與中海信託股份有限公司共同合作,設立2.5億元的信託計劃。在存續期間,中海信託股份有限公司將買入瀘州老窖股份有限公司持有的「瀘州老窖特曲絕版老酒」的收益權。客戶購買該理財產品後將成為「瀘州老窖特曲絕版老酒」投資人,客戶認購該款理財產品以後,可行使選擇權,即進行消費認藏或投資。

該款理財產品募集說明書還顯示,該款理財產品投資期為一年,對應瀘州老窖特曲絕版老酒:52度每件4瓶,9件一組;38度每件6瓶,7件一組,其中每

組對應理財本金 1 萬元。投資者認購起點為 5 萬元，以 1 萬元的倍數增加。投資者可選擇「現金收益」或者「實物行權」兩種方式獲得投資回報。「實物行權」是指在指定期間內申請實物行權，實現實物交割。實現實物交割的藏酒愛好者每行權一組，可獲得實物收益絕版老酒兩瓶，收益率高於非實物交割方式。若按照現金收益方式行權，將於年度行權時，直接享受 4%的年收益率。

該款理財產品公開宣傳資料表示，其以絕版、世博兩大主題作為投資理財產品新貴具有三大特點：一是客戶除可獲得穩定、較高理財收益，還可獲得藏酒投資的機會、稀缺優質酒的藏品；二是具有較低的投資風險，該款白酒類理財產品由瀘州老窖股份有限公司保證回購，銀行、信託公司共同參與並進行監管；三是這款理財產品對應的標的物為瀘州老窖特曲絕版老酒，該酒是為瀘州老窖特曲獲 1915 年巴拿馬世博金獎、榮膺中國「四大名酒」稱號 60 週年紀念而產，全國 2.5 萬組的珍藏版限量發行。發行人瀘州老窖股份有限公司表示，投資者認購完畢後，瀘州老窖將銷毀所有包裝的底版，使「瀘州老窖特曲絕版老酒」更具稀缺性和唯一性。

因此，業界認為這是一款值得投資的理財產品。並且由於這款理財產品主要通過銀行個人中高端客戶和法人客戶兩個渠道發售，其發售渠道更寬、更能滿足投資者不同的風險偏好。

表 4-5 為瀘州老窖特曲絕版老酒世博理財產品一覽表。

表 4-5　瀘州老窖特曲絕版老酒世博理財產品一覽表

產品名稱	瀘州老窖特曲絕版老酒世博理財產品		
發行銀行	中國工商銀行		
委託期限	起息日	2010 年 6 月 1 日	
	到期日	2011 年 5 月 31 日	
預期最高收益率	4%	投資幣種	人民幣
基礎資產	瀘州老窖特曲絕版老酒：52 度，4 瓶/件×9；38 度，6 瓶/件×7		
理財收益實現方式	投資者可選擇「獲取現金收益」和「提取實物」兩種方式獲得投資回報，可在指定期間內申請實物行權，實現實物交割。實現實物交割的藏酒愛好者每行權一組，可獲得實物收益絕版老酒兩瓶，收益率高於非實物交割方式。若是非實物交割，將於年度行權時，直接享受 4%的年收益率		
發行規模	2.5 億元	認購起點	5 萬元

數據來源：騰訊網。

4.3 中國市場發行的主要酒類理財產品特徵總結

4.3.1 中國市場發行的主要酒類理財產品的基本交易結構分析

如前所述，目前中國發行的白酒金融理財產品主要有兩個大類：一類是白酒信託收益權理財產品，另一類是白酒商品資產證券化產品。

對於白酒信託收益權理財產品而言，其主要包含四個交易主體，即投資人、銀行、信託公司、發行方（酒廠或者經銷商），基本交易結構模型如圖4-1所示。其交易流程通常如表4-6所示。

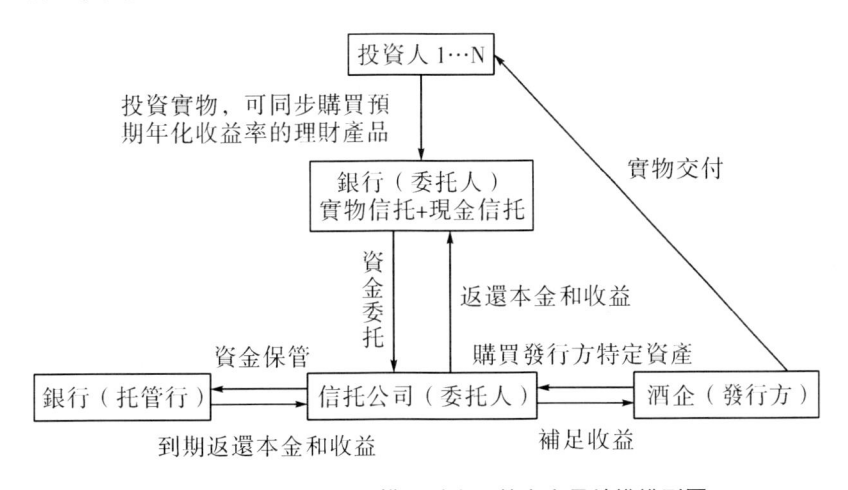

圖4-1 白酒信託收益權理財產品基本交易結構模型圖

表4-6 白酒信託收益權理財產品交易流程

交易流程	主要內容
1	發行方（酒廠或者經銷商）與信託公司合作設立信託資產計劃
2	銀行通過所掌握的個人中高端客戶和法人客戶兩個渠道發售白酒信託收益權理財產品，銀行從中獲得銷售佣金手續費
3	投資人購買白酒信託收益權理財產品
4	銀行將發行白酒金融理財產品所募集的理財資金委託給信託公司
5	信託公司將理財資金投資於信託公司設立的特定資產資金信託計劃（信託公司從該信託計劃中獲得資金投資管理收益）

表4-6(續)

交易流程	主要內容
6	產品到期後,投資者擁有現金行權和實物行權兩種行權選擇方式
7	投資者獲得預期收益率的投資回報(當投資者選擇以現金形式支付理財本金和收益,扣除相關費用)
8	如果投資者選擇實物行權,投資者得到白酒信託收益權理財產品所對應的商品白酒實物

在白酒信託收益權理財產品存續期間,當投資者選擇提前終止,以實物白酒商品形式支付理財本金及收益的,銀行將於特定日期集中確認投資者行權申請。酒廠與銀行將在集中確認日後一定的工作日內將白酒免費配送到客戶預留的指定地址,投資者也可選擇由酒廠繼續免費洞藏。一旦投資者選擇實物行權,將得到收益權所對應的白酒;對於本金中未贖回部分,當投資者選擇以現金形式支付理財本金和收益,且若所投資的資產按時收回全額資金時,扣除相關費用後投資者可獲得預期收益率的投資回報。一般情況下,將由酒廠負責實物行權投資者商品白酒的物流配送。

對於白酒商品資產證券化產品而言,交易主體主要包括投資人、發行會員、經紀會員、承銷會員、交易平臺。其基本交易結構模型如圖4-2所示。

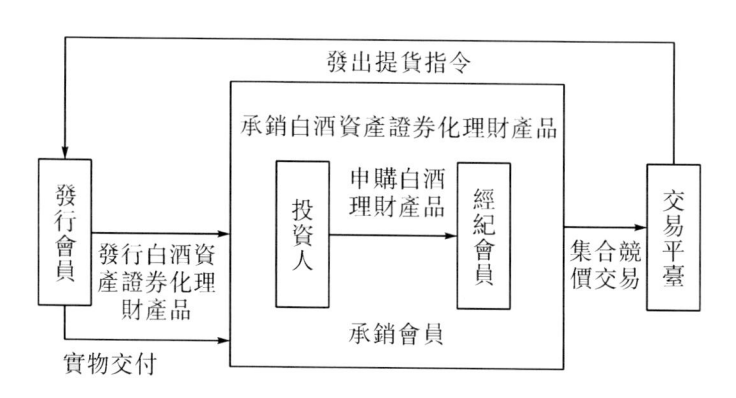

圖4-2 白酒商品資產證券化產品基本交易結構模型圖

白酒商品資產證券化產品交易過程通常為:發行會員設計一款基於實物白酒資產的白酒商品資產證券化產品,投資人通過經紀會員申購該款理財產品;承銷會員包銷部分該款理財產品,或者承銷全部理財產品;理財產品進入交易

平臺進行集合競價交易。其本質是一種將實物白酒商品資產通過結構性重組轉化為證券的金融活動。

4.3.2 中國市場發行的主要酒類金融理財產品特徵總結

前述目前中國市場發行的主要酒類金融理財產品的兩個大類：白酒信託收益權理財產品、白酒商品資產證券化產品，其特徵的比較如表 4-7 所示。

表 4-7　兩類白酒金融理財產品特徵比較

特徵比較	白酒信託收益權理財產品	白酒商品資產證券化產品
權益屬性	偏債型	偏股型
收益保障	保本型、一般有保底回購條款	非保本型為主、一般無保底回購條款
行權方式	現金收益與實物行權	二級市場交易轉讓與實物行權
實物行權激勵方式	實物資產低於市場價優勢	基礎資產價格優勢
二級市場交易方式	協議轉讓交易	可集合競價交易

從總體上來看，中國發行的酒類金融理財產品中，銀信（銀行-信託公司）合作類的收益權理財產品占據了較大比例，而白酒商品資產證券化產品起步較晚，但也已經具有了一定規模，並引起了市場關注，諸多酒企也開始涉足該領域。由於銀信合作類白酒信託收益權理財產品交易機制中整合了金融機構、投資者、酒類生產企業等多方的資源，並設計了由多方利益主體互動的盈利模式，投資者既可以受益於高端白酒商品的升值，也可以受益於約定的現金固定收益。因此，這一酒類金融理財產品對於豐富目前中國投資者的投資渠道、促進金融市場的創新發展具有重要的理論與現實意義。為此，我們有必要結合典型的銀信合作類白酒信託收益權理財產品發行案例，對其做更為深入的研究。

5 白酒信託收益權理財產品發行典型案例研究

本章將對近年來中國理財產品市場發行的、具有典型代表性的白酒信託收益權理財產品發行案例進行深入研究，以達到明確這類理財產品所具有的交易特徵、規律，並為今後該種類型的理財產品開發奠定理論基礎的目的。

5.1 沱牌舍得天工絕版酒信託收益權理財產品研究

5.1.1 沱牌舍得天工絕版酒信託收益權理財產品描述

2011年3月，中國工商銀行在其網點及網站發布公告推出舍得30年年份酒（天工絕版酒）信託收益權理財產品，並發布認購細則（見表5-1）。

表5-1 沱牌舍得天工絕版酒信託收益權理財產品認購細則

產品名稱	沱牌舍得天工絕版酒信託收益權理財產品		
受託人	四川信託有限公司		
發行銀行	中國工商銀行		
預期最高收益率	6.7%	投資幣種	人民幣
收益週期	365天		
基礎資產	沱牌舍得30年年份酒（天工絕版酒）		
理財收益實現方式	第一種收益方式為白酒+收益，白酒提取日期為2012年3月9日至2013年1月30日，支付的預期年收益率達到8%；第二種收益方式為本金+現金收益，在該信託計劃成立滿365天時，投資者獲得現金形式支付的收益，預期年收益率為5.7%		
流動性條款	銀行、客戶均無權提前終止該產品		
收益類型	非保本浮動收益型		

數據來源：鳳凰網財經。

通過對沱牌舍得天工絕版酒信託收益權理財產品募集說明書的整理，本書提取了這款產品的具體交易要素，如表 5-2 所示。

表 5-2 沱牌舍得天工絕版酒信託收益權理財產品交易要素

交易要素	主要內容
發行對象	沱牌舍得天工絕版酒信託收益權理財產品主要面向對白酒有研究或喜好收藏的人士發行
投資方向	沱牌舍得天工絕版酒信託收益權理財產品主要投資於四川信託有限公司設立的「舍得30年年份酒（天工絕版酒）收益權投資（1期）集合資金信託」。信託計劃將買入四川沱牌曲酒股份有限公司持有的2萬壇舍得30年年份酒（天工絕版酒）的收益權
理財產品收益	沱牌舍得天工絕版酒信託收益權理財產品是工商銀行推出的一款非保本浮動收益型理財產品。預期年化收益率為4.4%，與銀行1年定期存款利率3%相比，有一定收益優勢，預期最高年化收益率可達6.7%
受託人	沱牌舍得天工絕版酒信託收益權理財產品募集的資金投資於信託收益權，受託人為四川信託有限公司。從目前到期的該信託公司信託類產品到期收益來看，未發生零負收益現象，因此產品投資風險較小，投資者實現預期收益的可能性較高
投資人回報方式	沱牌舍得天工絕版酒信託收益權理財產品收益較為靈活，有兩種收益方式供投資者選擇。第一種收益方式為實物，收益方式為白酒+收益，支付的預期年收益率將達到8%，白酒提取日期為2012年3月9日至2013年1月30日；第二種收益方式為本金+現金收益，預期年收益率為5.7%，在該信託計劃成立滿365天時，投資者到期獲得現金形式支付收益。如果投資者對白酒有一定的研究，且看好白酒市場的升值空間，通過購買此款產品可以鎖定白酒的成本，享受未來白酒市場價格上漲的收益
風險提示	一、如果投資者選擇實物支付則需要承擔風險，因為酒品在保管、配送過程中因延誤、破損、遺失等可能致使客戶面臨無法及時得到30年年份的沱牌舍得天工絕版酒的風險。 二、投資者有可能要承擔酒品貶值的風險和申請未成功的風險，因為該酒只有1.6萬壇，價值2億元，工行採用先到先得的機制，所以如果投資者申請不及時可能領取不到該酒品，並且到期後也只能拿到預期年化收益率5.7%的收益。 三、沱牌舍得天工絕版酒信託收益權理財產品的流動性較差，投資者不能提前贖回。如果出現未及時足額收回本金和利息的情況，投資者的收益可能會少於預期，甚至出現本金虧損的可能。 鑒於該款產品的非保本性，該產品比較適合具備一定風險承受能力，且對酒類收藏有升值預期的中庸型投資者

5.1.2 沱牌舍得天工絕版酒信託收益權理財產品評述

沱牌舍得天工絕版酒信託收益權理財產品是由銀行、信託公司與白酒上市公司沱牌舍得酒業合作發行的一款濃香型白酒信託收益權理財產品。對於發行方 A 股主板上市公司沱牌舍得酒業而言，公司之所以會選擇發行這款信託收益權理財產品，主要還是公司高層基於對沱牌舍得酒業在白酒市場競爭中優勢判斷的結果。

從以上分析可以看到，2011 年沱牌舍得酒業發行天工絕版酒信託收益權理財產品最主要的目的還在於銷售其開發的高端品牌商品——舍得酒。然而，沱牌舍得酒業由於首次參與發行信託收益權理財產品，在產品發行前既缺乏經驗，也缺乏對該款產品功能的深入分析，最終導致沱牌舍得酒業該理財產品發行效果與預期效果相差甚遠。

沱牌舍得酒業是通過四川省遂寧市工商銀行的推薦，才瞭解了該款收益權信託理財產品，並看重其具有融資、產品銷售、品牌推廣等多重功能。在這些功能中，沱牌舍得酒業最為看重的還是該款信託收益權理財產品的銷售和品牌推廣功能。因此，在該款產品發行前，沱牌舍得酒業注入大量資金對沱牌舍得 30 年年份酒（天工絕版酒）進行精心設計，其外包裝採用了高檔描金彩繪百年紫砂陶壇（見圖 5-1）；瓶內酒體選擇上採用了中國首批食品文化遺產泰安作坊 600 年古窖池釀制的 30 年陳釀。

雖然沱牌舍得酒業對天工絕版酒進行了精心設計準備，但從這款信託收益權理財產品到期後的實物行權情況來看，投資者仍然大量選擇的是現金行權，而非實物行權（實物行權比率較低，僅為 12%）。這也造成了沱牌舍得酒業為天工絕版酒定制的大量高檔包裝的浪費，由此也形成了新的大量存貨資金占用。

通過訪談調查，我們瞭解到導致沱牌舍得天工絕版酒信託收益權理財產品實物行權比率較低的主要原因有兩個：

首先，多數投資者並不認同沱牌舍得 30 年年份酒（天工絕版酒）具有較高的投資收藏價值。儘管沱牌舍得酒業屬於「中國名酒」企業和川酒「六朵金花」之一，但是，其與其他著名川酒企業五糧液、瀘州老窖等相比，在釀酒技術、品牌價值上仍然有較大差距，而且，這一差距在短時間內無法超越。這構成了投資者認同沱牌舍得天工絕版酒投資及收藏價值的重要障礙。

圖 5-1　舍得 30 年年份酒（天工絕版酒）

香型：濃香型

原料：水、高粱、大米、糯米、大麥、小麥、玉米

淨含量：3L

酒精度：52%（vol）

建議零售價：58,888 元/壇

圖片來源：沱牌舍得酒業官方網站下載。

其次，合作金融機構四川信託有限公司與中國工商銀行四川分行所做的渠道宣傳非常有限。在收取相關服務費用後，四川信託有限公司與中國工商銀行四川分行僅在四川省內網點對沱牌舍得天工絕版酒信託收益權理財產品進行了小範圍宣傳促銷。相反，沱牌舍得酒業根據其與中國工商銀行共同審定的舍得30 年年份酒（天工絕版酒）信託收益權理財產品客戶增值服務方案和工行員工激勵方案，承擔了大量人力、財力費用開支，並組織了投資者和工行員工開展了多次暢遊四川美景活動。

從本質上來看，沱牌舍得天工絕版酒信託收益權理財產品的發行還是銀行、信託公司、酒企之間的一場利益博弈。如前所述，在天工絕版酒信託收益權理財產品發行過程中，中國工商銀行提供的產品增值服務非常有限，因此也被沱牌舍得酒業稱為是此次理財產品發行中最大的「贏家」。但是，事實上，這種「短視型」的金融理財產品營銷模式是不可持續的。從可持續的角度來看，首先，銀行必須向理財產品發行方沱牌舍得酒業和投資者清楚地闡述白酒信託收益權理財產品本身的功能，讓投資者在明確需求的基礎上投資該款理財

產品；其次，金融機構應當充分發揮自身的渠道優勢，對白酒信託收益權理財產品進行更為廣泛、有效的宣傳促銷，真正達到幫助酒企借理財產品發行機會，實現品牌價值提升的目的。

在此次白酒信託收益權理財產品發行過程中，沱牌舍得酒業在一定程度上獲得了其品牌推廣宣傳效應，使消費者瞭解、認識了沱牌舍得酒業的生產工藝優勢以及品牌價值。但是，我們又必須看到，沱牌舍得酒業在此次白酒信託收益權理財產品發行過程中付出了較高的成本費用，而天工絕版酒基礎資產的實物行權狀況並不理想。值得注意的是，沱牌舍得發行天工絕版酒信託收益權理財產品成為其一條重要的融資渠道；然而，以發行白酒信託收益權理財產品方式進行融資，其綜合融資成本值得深入研究。

5.2 白酒信託收益權理財產品的開發動機研究

中國目前發行的白酒信託收益權理財產品的交易主體主要有銀行、信託公司、酒廠、投資人，作為白酒信託收益權理財產品的利益相關者，各交易主體的基本權利與義務如表5-3所示。

表5-3 白酒信託收益權理財產品各交易主體的基本權利與義務

交易主體	權利與義務
銀行	1. 由銀行設計、制訂並推出理財計劃（理財產品），報銀監會或其派出機構備案； 2. 銀行向客戶推介理財產品時，瞭解和評估客戶的財務狀況、風險偏好、認知和承受能力，解釋投資工具和運作方式，揭示相關風險； 3. 銀行（受託人）與客戶（委託人）簽訂理財合同，簽署有關文件，明確雙方權利與義務； 4. 銀行為客戶設立理財專戶，客戶投入理財資金後，由銀行集中客戶資金投向某些（某個）金融投資工具； 5. 在理財計劃存續期內，銀行向客戶至少每月提供一次帳單，並按季度準備有關投資工具的財務報表、市場表現情況等材料供客戶查詢； 6. 在理財計劃終止時，雙方按約定進行結算； 7. 銀行有權根據市場情況，在對客戶實質性權益不造成重大影響，並根據約定提前公告的情況下，對理財計劃的投資範圍、投資品種和投資比例進行調整

表5-3（續）

交易主體	權利與義務
信託公司	1. 恪盡職守，履約誠實、信用、謹慎，有效管理處分信託財產； 2. 必須為受益人的最大利益，依照信託文件的法律規定管理好酒類信託財產； 3. 承擔風險以及轉移風險； 4. 受人民銀行和銀監會領導、監管，發行信託產品要經銀監會審批、備案； 5. 一般不對自己的信託產品進行風險分級
酒廠	提供實物白酒並且提供運輸、窖藏服務
投資人	向銀行提出白酒實物行權申請或者獲取現金形式的理財本金和收益

通過對表 5-3 的分析，我們可以發現目前中國發行的白酒信託收益權理財產品的主要特徵如下：①白酒信託收益權理財產品的募集資金主要投資於白酒商品；②投資者既可以受益於白酒信託收益權理財產品信託資產（白酒商品）的升值，也可以受益於白酒信託收益權理財產品本身約定的固定收益；③銀行通過所掌握的個人中高端客戶和法人客戶兩個渠道發售白酒信託收益權理財產品；④在為投資者提供現金和實物兩種行權模式的基礎上，白酒生產企業通常會在理財產品行權日提供一款價格優惠的白酒商品，以吸引投資者進行實物行權，同時，白酒生產企業還會做出選擇實物行權能獲得比現金行權方式更高收益的宣傳，以提高該產品投資者的實物行權概率。

總體來看，白酒信託收益權理財產品的交易機制設計中整合了金融機構（信託公司、銀行）、投資者、酒類企業等多方的資源，設計了一個由多方利益主體互動的盈利模式，對豐富目前中國投資者的投資渠道、促進金融機構的深化改革具有重要的理論與現實意義。然而，白酒信託收益權理財產品的開發與交易又涉及多方利益主體，各利益主體的具體動機又具有差異化特徵。為此，我們將做如下進一步的具體分析。

5.2.1 白酒信託收益權理財產品開發：投資者的動機

從金融學視角來看，投資者是白酒信託收益權理財產品的資金提供方。投資者參與白酒信託收益權理財產品的開發，其主要動機有兩個。

「逐利」是投資者購買白酒信託收益權理財產品的第一個動機。「逐利」具體表現為，白酒信託理財到期後，投資者既可以選擇以現金形式來獲得理財本金和收益，也可以選擇持有實物商品白酒。就選擇以現金形式來獲得理財本

金和收益而言，由於白酒信託理財承諾的收益普遍高於同期銀行存款利率，因此能夠幫助投資者抵抗貨幣通脹貶值的虧損；就選擇持有實物商品白酒而言，白酒信託收益權理財產品的開發實際上為投資者提供了藏酒投資和分享高價值投資回報的機會。在近年來中國銀行理財產品收益普遍較低的情況下，白酒信託收益權理財產品的出現客觀上豐富了投資者的投資渠道，緩解了市場上缺乏理財產品和投資者「有錢無處投」的局面。

風險規避是投資者購買白酒信託收益權理財產品的第二個動機。股市與債市是中國投資者理財的主要傳統投資渠道。然而，自2008年以來，中國的股市經歷了一個長期低迷期，大盤指數也從5,000點下跌到2,200點。在這種情況下，缺乏投資經驗的廣大中小股民紛紛被「套牢」，經驗豐富的投資者在收穫更高收益的同時也需承擔較大的風險。與此同時，中國的債市規定投資活動主要由機構投資者參與，中小投資者無法直接參與債券市場投資。由於白酒信託收益權理財產品本質上屬於一種債權型融資產品，投資者的收益基本上可以通過發行方的承諾兌付擔保措施得到保障。在這一背景下，白酒信託收益權理財產品的出現具有必然性。

值得注意的是，白酒信託收益權理財產品發行方承諾的固定收益也存在一定風險。這主要表現為兩個方面。其一是流動性風險。由於絕大多數白酒信託收益權理財產品不可提前支取，投資者購買後只能持有到期，如投資者急需資金，將會遇到變現困難。即使合同中規定能夠提前支取，投資者也需要支付一定的手續費。其二是信用風險。白酒信託收益權理財產品信託合同上一般都會有委託人（投資者）承擔項目風險的條款。如果資金使用方經營出現問題，到期不能按時還款付息，就會給投資者帶來損失。因此，投資者在購買白酒信託收益權理財產品時，應當認真閱讀產品合同，注意理財產品認購合同中風險提示部分，選擇有實力的發行人，或者有銀行擔保的產品，盡可能規避風險，合理實現收益最大化。

5.2.2 白酒信託收益權理財產品開發：金融機構的動機

5.2.2.1 商業銀行改善收入結構的需要

商業銀行參與白酒信託收益權理財產品開發的主要目的之一在於改善收入結構的需要。歷史、體制等多方面原因造成了中國商業銀行以信貸擴張為主導經營模式的局面。中國商業銀行傳統業務的主要收益來源於「存貸利差」。然

而，隨著中國金融市場開放程度的逐漸提高，中國金融市場競爭的激烈程度不斷增強。同時，商業銀行受到存款準備金和吸收存款邊界的限制，貸款規模和存貸利差也會受到限制。商業銀行傳統單一的盈利模式和過於依賴存貸利差的收入結構，既難適應市場競爭的需要，也很難與國際水準接軌。

從國際經驗來看，多層次金融市場的建立和發展必然伴隨著金融不斷「脫媒」的過程，這一變化成為推動銀行業務模式變革的根本力量。目前，中國銀行發展的外部環境正發生著深刻的變化，利率市場化、鼓勵金融創新、資本市場的發展和財富的增長，這些變化都促使著銀行業從依靠單純的存貸利差業務向依靠綜合業務轉型。2017年8月4日，中國銀行業協會在北京發布的《中國銀行業發展報告（2017）》顯示，主要上市銀行新型中間業務收入總體保持較快增長。其中，商業銀行理財產品業務收入增長了21.4%。

大型企業的傳統信貸業務需求規模降低也是促使中國商業銀行進行戰略轉型的一個重要原因。2005年以後，金融監管機構出抬一系列政策鼓勵大型企業通過直接融資方式解決融資需求。在這一背景下，商業銀行逐漸認識到，在傳統業務之外，還應著力發展投行、資產管理等其他業務。中間業務收入成為各家商業銀行業務開展的重點。商業銀行的人民幣理財產品應運而生。

此外，根據《中華人民共和國商業銀行法》第三十九條關於商業銀行資產管理條例的規定：「（一）資本充足率不得低於百分之八；（二）流動性資產餘額與流動性負債餘額的比例不得低於百分之二十五；（三）商業銀行對同一借款人的貸款餘額與商業銀行資本餘額的比例不得超過百分之十；（四）國務院銀行業監督管理機構對資產負債比例管理的其他規定。」因此，中國商業銀行受到中央銀行信貸額度的監督與控制，客觀上商業銀行在一定程度上存在「有錢不能貸」的狀況。而白酒信託收益權理財產品交易機制設計中，不涉及占用商業銀行信貸額度的問題。因此，商業銀行可以借信託公司渠道投資購買白酒信託收益權理財產品，而白酒理財產品的開發也間接產生了增加商業銀行信貸額度的作用。

各種參與白酒信託收益權理財產品設計的銀行、信託公司等金融機構借酒類企業的高端產品開發理財產品，為其自身帶來各種有形和無形的中間業務收益。加之，銀行、信託公司等金融機構擁有較多的高端投資客戶數據資源信息，可通過借助適合投資者需求的投資理財產品開發實現信息資源優勢轉化。

5.2.2.2 合理規避分業經營監管的需要

目前制度背景下，金融機構參與白酒信託收益權理財產品開發的主要目的

之一還在於合理規避分業經營監管。

這是因為《中華人民共和國商業銀行法》第四十三條規定：「商業銀行在中華人民共和國境內不得從事信託投資和證券經營業務，不得向非自用不動產投資或者向非銀行金融機構和企業投資，但國家另有規定的除外。」這就意味著企業通過銀行渠道發售的人民幣理財產品，只能直接投資於貨幣市場和銀行協議存款，不能投資於保險產品、信託產品、證券、基金等其他金融產品，也不能進行實業投資。

而這也就大大減小了商業銀行開發理財產品的意義，也限制了商業銀行理財業務的發展。但是，由於信託公司是金融機構中唯一可以跨越貨幣市場、資本市場和產業市場的機構，商業銀行與信託公司合作發展白酒信託收益權理財產品，正好可以規避上述制度約束。因此，通過商業銀行理財產品與信託產品的對接，商業銀行可以將發行理財產品募集的資金投資於原來被禁止的領域。

5.2.3 白酒信託收益權理財產品開發：酒企的動機

白酒生產或者銷售企業參與白酒信託收益權理財產品開發的主要動機有兩個。

擴大企業的融資渠道，解決企業經營中的融資問題，是白酒生產或者銷售企業參與白酒信託收益權理財產品開發的第一個動機。這是因為白酒信託收益權理財產品的核心特徵在於，設置了理財產品到期後投資者的收益選擇權和酒企的回購選擇權。因此，對於白酒生產或者銷售企業而言，白酒信託收益權理財產品又是一種典型的債權融資產品。白酒生產或者銷售企業可以通過發行白酒信託收益權理財產品，在短時間內獲得投資者的資金支持。因此，白酒信託收益權理財產品也充分放大了白酒生產或者銷售企業的負債槓桿效應，進而也增強了其應對日益激烈的市場競爭的實力。

增強自身的品牌知名度、影響力，進而提升企業市場形象，是白酒生產或者銷售企業參與白酒信託收益權理財產品開發的第二個動機。在發行白酒信託收益權理財產品過程中，銀行、信託公司等金融機構通常會借助渠道優勢，針對投資者進行較為充分的白酒信託收益權理財產品路演推介宣傳。這一過程使投資者增強了對白酒信託收益權理財產品對應的實物商品白酒品牌的認可度，從而也促進了實物商品白酒的市場銷售。而當這種路演推介宣傳達到一定程度時，白酒信託收益權理財產品的投資者可能會轉變為白酒實物商品的消費者。

從目前中國發行的多款酒類信託理財產品的實物行權情況來看，其實物行權率處於10%~60%的寬幅波動區間。因此，白酒信託收益權理財產品的開發不失為白酒生產企業銷售產品的一條重要渠道。

5.3　白酒信託收益權理財產品未來發展展望

5.3.1　白酒信託收益權理財產品發行主體的轉變

目前，中國大中型白酒生產企業眾多，而哪些企業又適合作為白酒信託收益權理財產品的發行主體呢？

如前所述，白酒信託收益權理財產品主要設置了理財產品到期後投資者的收益選擇權，因此也成為一種債權型的融資產品。對於白酒生產企業而言，如果白酒信託收益權理財產品到期後，大量投資者選擇以現金收益回報方式行權，即要求白酒生產企業回購產品，那麼，白酒信託收益權理財產品也就成為白酒生產企業的一款債務融資工具。

但是，如果行權期內白酒生產企業的銷售狀況並不理想，則其將面臨回購白酒信託收益權理財產品的壓力。因此，對於白酒生產企業而言，是否選擇發行白酒信託收益權理財產品，需要考慮的重要因素之一是：與其他既有融資渠道相比，發行白酒信託收益權理財產品是否具有融資成本上的優勢？進一步來看，以下白酒生產企業發行白酒信託收益權理財產品的概率較高：

第一，資金狀況較為緊張的白酒生產企業。對於資金狀況較為寬裕的白酒生產企業而言，發行白酒信託收益權理財產品將增加其財務成本，因此其發行該產品的願望並不強烈。相反，對於資金狀況較為緊張的白酒生產企業而言，通過發行白酒信託收益權理財產品進行融資，不失為一條良好的融資渠道。

第二，民營白酒生產企業。實踐中，由於目前中國對於民營企業的融資並沒有完全放開，民營白酒生產企業與國有背景的白酒生產企業融資環境還有很大差距。近年，國有背景的白酒生產企業可以利用發行短期融資券、中期票據、企業債、股票等多種金融產品進行直接融資。而目前中國較少有民營白酒生產企業利用上述直接融資方式進行融資。在這種背景下，民營白酒生產企業「借道」白酒信託收益權理財產品的發行實現融資，能夠有效地解決基酒儲存、銷售費用短缺等問題。而資金較為充沛的國有企業普遍缺乏發行白酒信託收益

權理財產品的原始動力。

第三，處於品牌擴張期的白酒生產企業。這類企業品牌營銷在其發展中佔有非常重要的地位。如前所述，由於在白酒信託收益權理財產品發行過程中，金融機構和白酒生產企業均會做一定的品牌路演推介活動，來增強投資者對白酒信託收益權理財產品所對應的白酒品牌的認可。因此，白酒信託收益權理財產品的開發可以成為企業宣傳其品牌的一個重要渠道和載體。正處於品牌提升過程中的白酒生產企業，從發行產品過程中所獲得的品牌提升效應角度考慮，具有較強的動力發行白酒信託收益權理財產品。

基於以上考慮，我們認為白酒信託收益權理財產品的發行主體將處於一個動態的轉化過程：未來白酒信託收益權理財產品的發行主體，將逐漸實現由品牌優勢白酒生產企業向品牌弱勢白酒企業的轉變，以及由國有白酒生產企業向民營白酒生產企業的轉變。同時，如果白酒生產企業利用發行白酒信託收益權理財產品的融資成本較高、品牌提升效應並不顯著，則其也會根據自身的資金狀況、品牌狀況，而逐漸調整發行白酒信託收益權理財產品的頻率。

5.3.2 白酒信託收益權理財產品交易機制的完善

除了發行主體的變化，白酒信託收益權理財產品的交易機制也迫切需要完善。

較低的實物行權率迫切要求白酒信託收益權理財產品交易機制的完善。在白酒信託收益權理財產品到期時，投資者如果選擇實物行權，將會持有實物商品白酒。而後，投資者有兩種選擇：一是將實物商品白酒轉賣銷售，從中獲得增值收益；二是消費實物商品白酒。如果投資者既缺乏實物商品白酒的轉賣銷售渠道，又對實物商品白酒的消費能力有限，其持有大量的實物商品白酒則意味著要占用一定量的資金。而資金的占用對於投資機構和個人投資者而言，都是理財規劃中最棘手的問題。為使投資者在白酒信託收益權理財產品到期日選擇實物行權，發行方應使其從所持有的大量實物商品白酒中獲得增值收益。在這種情況下，白酒信託收益權理財產品的交易機制設計就必須滿足以下兩個條件：其一，白酒信託收益權理財產品所對應的實物商品白酒，具有較強的價值收藏與增值屬性；其二，白酒信託收益權理財產品所對應的實物商品白酒，能夠隨時在公共酒類交易平臺交易並變現。只有在具備這兩個條件的情況下，投資者才會在白酒信託收益權理財產品到期時選擇一定量的實物行權。

因此，要增加投資者實物行權比率和擴大白酒信託收益權理財產品發行規模的兩個目標，重點在於提高白酒信託收益權理財產品中信託資產的流動性，即實物商品白酒的流動性。為此，在白酒信託收益權理財產品的交易機制設計中有以下兩個方面的重點內容：第一，應當盡量採用具有較強收藏價值和增值屬性的實物商品白酒來作為白酒信託收益權理財產品的信託資產；第二，應當在白酒信託收益權理財產品的交易機制中設計具有流動性特徵的實物商品交易平臺。

　　這兩個關鍵交易機制設計將促使投資者預期持有的白酒信託收益權理財產品具有保值增值的可能，從而顯著降低市場的投機氛圍。

6 中國白酒商品資產證券化的實踐探索[①]

6.1 基於交易平臺的白酒商品資產證券化
——以上海國際酒業交易中心為例

6.1.1 上海國際酒業交易中心簡介

上海國際酒業交易中心（簡稱「交易中心」）是上海市政府特許設立的國際酒類公共交易平臺，交易中心註冊地為中國的金融中心上海市。2010年11月，上海市政府為推進上海國際貿易中心的建設，以滬商運行〔2010〕733號文的形式批復上海市虹口區商務委員會組建了上海國際酒業交易中心。交易中心辦公地址位於上海市吳淞路218號36樓。

交易中心網站顯示交易中心的主要股東為上海科技投資公司和海南椰島（集團）股份有限公司。而上海科技投資公司由上海市人民政府出資創辦，是最早專業從事科技產業化風險投資的國有獨資企業，公司註冊資本5.5億元人民幣；海南椰島（集團）股份有限公司則是一家有著70多年歷史的國有股份制上市公司，目前公司在中國保健酒行業名列第一。

同時，交易中心網站顯示其為中國首家專業化的酒類公共交易平臺，並將其商業模式確定為，通過提供專業交易平臺，幫助酒類生產企業實現大宗酒類商品交易，收取平臺交易服務費用。

[①] 本章涉及資料、數據來源於2012年上海國際酒業交易中心官方網站。

6.1.2 上海國際酒業交易中心交易機制評述

交易機制是任何一種金融產品開發的核心環節，關係到該金融產品的市場生命力。作為中國較早出現的大宗酒類商品交易平臺，上海國際酒業交易中心的交易機制集中體現在其交易規則中。因此，我們有必要通過對上海國際酒業交易中心交易規則的深入剖析，來評判其產品的市場價值和市場表現。

上海國際酒業交易中心的交易規則採取的是會員制經營模式，即將會員分為發行會員、承銷會員和經紀會員三種類型。其中，發行會員是在交易中心發行或掛牌上市酒品的會員，是所發行或掛牌上市酒品的所有者。發行會員通常情況下是酒類生產企業，也可以是與酒類生產企業有密切聯繫的經銷商或者供應商（被交易中心稱為指定發行會員）。承銷會員指協助發行會員完成酒品在交易中心發行或掛牌上市的會員。承銷會員負責承辦收藏酒在交易中心平臺上的上市申請、路演及發行等相關事務。交易中心的交易規則明確指出承銷會員在發行過程中必須包銷部分上市酒品，並且對發行會員公開發行上市酒品的餘額部分實行包銷。而經紀會員指為客戶及發行會員在本中心買賣酒品提供交易通道，協助其完成交易、結算及交貨的會員。經紀會員負責開拓客戶和辦理客戶入市手續。所有客戶必須在經紀會員處開戶後方能進行交易。

事實上，上海國際酒業交易中心開展的是一種資產證券化的交易。資產證券化是指將資產通過結構性重組轉化為證券的金融活動。其中，被證券化的資產也被稱作基礎資產。在資產證券化過程中，最重要的一個不可或缺的要素就是現金流。從理論上說，任何能夠產生現金流的資產都有被證券化的可能；相反，不能夠產生現金流的資產就無法被證券化。現實中，被證券化的資產往往是缺乏流動性的資產。資產證券化可以理解為是一個將流動性低的資產轉化為流動性高的證券的過程。2011年，全國白酒生產銷售競爭激烈，白酒產品的流動性較低。正是在這一背景下，上海國際酒業交易中心開發白酒商品資產證券化產品具有可行性。

因此，上海國際酒業交易中心開展的白酒金融理財產品交易活動也可以理解為一種將白酒資產通過結構性重組轉化為證券的金融活動（見圖6-1）。其開發的產品可以被稱為白酒資產證券化產品。這種白酒資產證券化產品的基礎資產是白酒，而白酒能夠通過銷售活動產生現金流。我們可以把最終將在上海國際酒業交易中心盤面交易的證券稱為「酒股」。作為發行會員的酒類生產企

業相當於擬發行股票的企業，其確定發行「酒股」的數量份額及價格；承銷會員相當於發行股票的券商，負責承辦「酒股」在交易中心交易平臺上的上市申請、路演及發行等相關事務。每次「酒股」的發行相當於一只新股上市。「酒股」上市後可以進行二級市場的操作。與股票上市不同的是，投資者、發行會員、承銷會員均可以從交易盤面上以「註冊倉單」的形式，使「酒股」變成實物酒進行消費，即變現「酒股」，提取基礎資產。這可以視為對傳統資產證券化產品的創新。

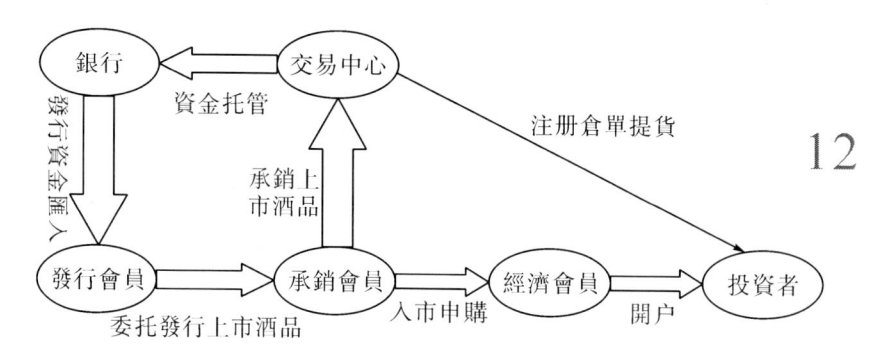

圖6-1 上海國際酒業交易中心交易結構模式圖

6.1.3 《上海國際酒業交易中心交易規則》評析

上海國際酒業交易中心的交易機制主要體現在其交易規則中，因此，我們有必要對其2010年成立之初頒布的交易規則進行詳細解讀（見表6-1）。

表6-1 上海國際酒業交易中心交易規則評析表

條款編號	條款內容	條款點評
1.2	本中心本著誠實信用的原則，為交易各方提供公平、公正、公開的第三方交易平臺	實質上中心為吸引客戶，幫助發行人設計產品，產品設計、發行價格設計過程不公開
1.3	本中心只組織酒品實物交易，不開展標準化合約交易、不開展權益或權益份額交易	實質上中心開展了標準化合約集中競價交易
1.4	本中心對交易酒品採取審批制，只有經過本中心批准的酒品才能在本中心的交易平臺交易	說明交易中心的自由裁量權很大，如此大的自由裁量權應該有對其有進一步的監管

表6-1(續)

條款編號	條款內容	條款點評
1.5	本中心業務採取會員制,本中心不直接受理客戶業務申請,客戶在本中心的所有業務必須通過其經紀會員完成	此條保障了經紀會員利益。但是,在此後的交易中,交易中心擴大了經紀會員數量與規模,吸引銀行成為事實上的經紀會員,導致原有經紀會員利益受損
1.6	客戶可以通過本中心經紀會員開立交易帳戶。為方便客戶開戶,本中心在官方網站(www.siwe.com.cn)上設有客戶開戶頁面,客戶可以通過該頁面選定經紀會員,辦理自助開戶	交易中心官方網站頁面可利用狀況不佳,客戶通過該頁面選定經紀會員,辦理自助開戶應該有相應獎勵政策,以便於吸引客戶自助開戶
2.5	會員資格的取得、會籍管理、會員權利義務及收費標準等參見《上海國際酒業交易中心會員管理辦法》	最關鍵的是會員的收費標準應該公開和平等。實際上,上海國際酒業交易中心會員收費標準不定,總裁具有極大的自由裁量權
3.1	在本中心交易的酒品,按是否有收藏價值分為收藏類酒和消費類酒,其中,收藏類酒又分為國產收藏類酒和非國產收藏類酒。針對收藏類酒和消費類酒,本中心設立兩個獨立的交易平臺	應當說明「發行程序」與「掛牌申請程序」的區別;中心可以另行制定相應的交易細則,說明中心具有極大的自由裁量權
3.3	本中心採取承銷會員承銷和協助發行制度,發行會員發行酒類交易商品必須由承銷會員承銷和協助發行	承銷會員的資格應該明確,承銷相當於券商
3.4	發行會員的酒品也可以在承銷會員的協助下直接在本中心消費類酒交易平臺掛牌交易	與3.3的區別應當明確
3.5	本中心設立發行審核委員會,負責對酒品在本中心發行進行審核。發行審核委員會的組成和議事規則由本中心確定	議事規則由本中心確定,說明中心具有極大的自由裁量權
3.6	酒品的發行採用發行會員定價和網上申購的方式進行。本中心對擬發行酒品實行單一客戶最大申購量和最小申購量限制	應當明確量化單一客戶最大申購量和最小申購量限制

表6-1(續)

條款編號	條款內容	條款點評
3.8	發行會員須向本中心和承銷會員支付發行服務費，承銷會員須就其包銷部分向本中心支付發行服務費，網上申購中簽客戶須向本中心和經紀會員支付發行服務費。上述發行服務費標準在《上海國際酒業交易中心國產收藏類酒交易細則》和《上海國際酒業交易中心非國產收藏類酒交易細則》中確定	在交易中心發展初期，承銷會員包銷部分產品，已經承擔了風險，再向中心支付發行服務費值得商榷
4.1	酒品成功上市交易後，只能在本中心規定的交易時間內通過本中心交易平臺進行交易	交易時間應該明確
4.2	各平臺交易時間由本中心在相應的交易細則中規定	相關交易細則值得探討
4.11	購買收藏類酒品長期不賣出或不辦理提貨的客戶，本中心將對其收取酒品託管費，託管費的收取辦法和標準在相應的交易細則中規定	此條目的在於促進交易活躍和提貨，但此時沒有規定託管費收取辦法和標準是對投資者的隱患
4.12	當某一收藏類上市酒品提貨量超過發行量的95%時，本中心有權將該酒品退市，退市相關處理辦法由本中心另行規定	退市相關處理辦法應當明確
5.3	發行結算：發行成功後，本中心在扣除發行服務費及其他費用後，將承銷會員的包銷貨款和客戶中簽的貨款劃入發行會員指定的帳戶；同時將發行酒品分別記入承銷會員和中簽客戶的交易帳戶	中心不能承擔銀行的貨款劃入職能
7.2.3	價格嚴重扭曲	什麼樣的情況被稱為價格嚴重扭曲？這需要量化標準
8.1	本中心可根據新業務的開展情況修訂本規則，並制定相應的交易細則	這為交易中心任意改變交易規則留下了隱患
8.2	本規則的解釋權和修訂權屬本中心所有	交易中心的權利太大。此條應該修改為：解釋權和修訂權應由交易中心、主承銷方、經紀會員、投資者共同協商確定

6.1.4 《上海國際酒業交易中心國產收藏類酒交易細則》評析

由前文分析可見，上海國際酒業交易中心的交易機制主要體現在其交易規

則中，而其交易規則中許多條款又需要通過交易細則進一步予以明確。為此，我們有必要對其交易細則做進一步的解讀（見表6-2）。

表6-2　上海國際酒業交易中心交易細則評析表

條款編號	條款內容	條款點評
1.3	本中心國產收藏類酒包括期酒和現酒兩類。期酒是指尚未罐裝的半成品酒；現酒是指已經罐裝的成品酒	這裡應當對期酒的金融屬性予以明確，期酒還可以是未生產的酒
2.1.4	發行會員承諾通過發行審核後為發行酒品購買一年期的保險或辦理相應期限的銀行保函	辦理相應期限的銀行保函的作用應該詮釋
2.2	發行會員發行酒品必須指定承銷會員承銷	永遠指定一個承銷會員可否？應當明確承銷會員數量、資格
2.3	承銷會員承銷發行會員的酒品，必須以發行價格包銷發行數量的10%至20%，且包銷款須劃入本中心帳戶，隨中簽客戶的申購貨款一起由本中心劃入發行會員的指定帳戶。承銷會員不得參與自己承銷酒品的網上申購。本中心對承銷會員包銷部分實行限制減持制度，承銷會員每月減持量不得超過5%。本中心有權根據市場情況調整減持標準並公告	包銷款須劃入的本中心帳戶應為本中心指定的第三方銀行託管承銷會員帳戶；發行價格很關鍵，需要透明
2.4	本中心對擬發行酒品實行單一客戶最大申購量和最小申購量限制，具體參見本中心發布的酒品發行公告	應對單一客戶最大申購量和最小申購量限制有一個基本標準說明
2.5.13	本中心在扣除發行服務費及其他費用後，將發行貨款劃入發行會員指定的帳戶	中心應該指定託管銀行扣費、劃款，並經相關當事人同意
2.6.1	承銷會員不得承銷自有酒品	如果承銷會員承銷自有酒品怎麼辦？應該有制度控制措施
2.6.2	承銷會員不得與發行會員串通，蓄意抬高發行價格	如果承銷會員與發行會員串通怎麼辦
2.6.3	發行會員和承銷會員均不得發布虛假信息，誤導市場	如果發布虛假信息，誤導市場怎麼辦

表6-2(續)

條款編號	條款內容	條款點評
2.8	酒品發行成功,發行會員須分別向本中心和承銷會員按成功發行金額的百分之二點五繳納發行服務費;中簽客戶須分別向本中心和經紀會員按成功申購金額的百分之二點五繳納發行服務費。上述服務費由本中心直接從發行會員的發行貨款和客戶的帳戶中扣劃,之後轉付給承銷會員和經紀會員	百分之二點五的由來應當詮釋;中心直接從發行會員的發行貨款和客戶的帳戶中扣劃,之後轉付給承銷會員和經紀會員,對於相關方具有重大風險
3.7	本中心對國產收藏類酒品交易設置漲跌限幅。漲跌限幅為上一交易日收盤價的10%,上市首日上漲限幅為發行價的300%,下跌限幅為發行價的75%。本中心有權根據市場情況調整每日漲跌幅限制	中心有權根據市場情況調整每日漲跌幅限制。這使中心非常強勢
3.14	參與交易的買方和賣方均須向本中心及其經紀會員繳納交易手續費。交易手續費按成交金額的一定比例支付,標準為:向本中心繳納成交金額的千分之一;向經紀會員繳納成交金額的千分之二	應明確收費的依據,合計千分之三的交易手續費太高,不利於市場交易培育,容易導致交投不活躍
4.15	買方客戶在購買成功後可隨時提出倉單註冊申請(期酒須在交貨期後);倉單註冊的酒品數量須為最小提貨單位的整數倍。註冊倉單不記名,不掛失,倉單密碼遺失導致的損失由註冊客戶自行承擔。客戶可憑註冊倉單向本中心申請註銷手續。倉單註冊/註銷須向本中心和經紀會員繳納倉單註冊/註銷服務費:註冊/註銷日前五個交易日(含發行日,無成交則往前推)加權平均價(如果上市不足五個交易日的按實際天數計算)×倉單註冊/註銷數量×收費標準。收費標準為:向本中心繳納百分之二點五,向經紀會員繳納百分之二點五	應明確收費的依據,合計百分之五的倉單註冊費用太高,不利於客戶提貨消費

6.2 上海國際酒業交易中心白酒商品資產證券化產品交易各方交易動機分析

白酒商品資產證券化產品涉及多方主體的利益。因此,只有通過對白酒商品資產證券化產品交易各方交易動機的分析,才能真正解決白酒商品資產證券

化產品發展過程中存在的實際問題，以及廓清其未來發展的規律性。在這一過程中，我們要詳細分析上海國際酒業交易中心發行方的發行動機、主承銷方的承銷動機、交易中心的交易動機、投資者的投資動機。通過大量的訪談調查，我們將以上交易各方的交易動機歸納如表6-3所示。事實上，市場經濟環境下，交易主體僅僅具有交易動機不足以支撐其交易行為的真正實施。理性的交易主體只有對其收益成本進行全面核算後，才能最終實施其交易行為。表6-4是對上海國際酒業交易中心交易各方交易收益與費用的基本描述。

表6-3 上海國際酒業交易中心第1階段白酒商品資產
證券化產品發行各方交易動機分析表

交易主體	動機1	動機2	動機3	動機4
發行方	一次性批量銷售酒品，快速回籠資金	通過路演推介會，提升自身產品的品牌影響力		
主承銷方	買到由廠家直接發行的折價白酒產品，進而能夠獲得具有巨大增值潛力的「原始酒股」	賺取主承銷費用	與發行會員談判，獲取發行會員返還的高額佣金	操縱二級市場價格，獲取二級市場增值收益
交易中心	賺取發行會員、主承銷會員、經紀會員繳納的會費	獲取部分經紀費用收入	獲取部分倉單註冊收益	獲取發行會員給予的其他佣金
投資者	買到由廠家直接發行的折價白酒產品，進而能夠獲得具有巨大增值潛力的「原始酒股」	即使「酒股」盤面價格發生波動，最終也會由於實物酒的存在，不至於發生較大虧損。隨著實物酒儲存年份的增長，只要實物酒不發生破損，通常酒會越來越值錢	通過交易中心提供的交易變現平臺，可以在二級市場上將所持有的收藏級酒品對應的「酒股」拋售	通過正式公開發行程序買到的是真正的酒品，買到假酒的機率非常低

表 6-4 上海國際酒業交易中心交易各方收益與費用描述

交易主體	收益	費用
發行會員	①銷售酒品迅速回籠資金； ②通過路演推介，獲得品牌推廣效應	①發行會員須向交易中心和承銷會員支付發行服務費； ②一次性向交易中心繳納 5 年會費 500 萬元
承銷會員	①獲得酒品承銷佣金（發行總額×5%）； ②二級市場炒作獲利獲得發行會員的其他返利	①一次性向交易中心繳納 5 年會費 500 萬元； ②租賃辦公經營場地費
交易中心	①獲得經紀會員每年 100 萬元會費； ②獲得承銷會員每年 100 萬元會費； ③獲得發行會員每年 100 萬元會費； ④獲得每只酒品發行總額 2.5% 的申購費用	①租賃辦公經營場地； ②雇傭員工； ③繳納各種稅費
經紀會員	①獲取交易手續費； ②獲得投資者繳納的酒品發行申購費用（發行總額×2.5%）	①一次性向交易中心繳納 5 年會費 500 萬元； ②租賃辦公經營場地
投資者	①獲得酒品收藏未來增值收益； ②通過二級市場炒作獲利	向經紀會員支付發行服務費

6.3 上海國際酒業交易中心交易狀況評析

截至 2012 年 6 月底，上海國際酒業交易中心已經成功發行了「國窖 1573·中國品味」「水晶舍得」「西鳳酒·鳳香 50 年」「古井貢·中國強」4 款酒品。從發行當日的申購情況來看，水晶舍得 2012 珍藏版的中簽率僅為 8.15%，這說明有大量的投資者參與該款酒品的前期申購，申購資金遠遠超過了該款酒品的發行規模。而這也與前期「國窖 1573·中國品味 2011 珍藏版」的價格「堅挺」有一定的關係。以下是對 4 款上市酒品交易數據的分析。

截至 2012 年 6 月底，上海國際酒業交易中心已經成功發展了 4 家發行會員、6 家承銷會員、32 家經紀會員。發行會員主要集中在優質白酒產區四川、陝西、安徽；其中 3 家為中國 A 股上市公司。發行會員所生產的產品均獲得過

「中國名酒」稱號。其中，A01發行會員——瀘州老窖股份有限公司所生產的瀘州老窖特曲是中國最古老的四大名酒之一，1915年曾獲巴拿馬太平洋萬國博覽會金獎，1952年在中國首屆評酒會上被確定為濃香型白酒典型代表，是唯一蟬聯歷屆「中國名酒」稱號的濃香型白酒。

表6-5、表6-6、表6-7、表6-8、表6-9為上海國際酒業交易中心會員及交易情況等相關製表。

表6-5　上海國際酒業交易中心發行會員情況表

會員代碼	名稱	公司所在區域
A01	瀘州老窖股份有限公司	四川
A02	四川沱牌舍得酒業股份有限公司	四川
A03	陝西西鳳酒集團股份有限公司	陝西
A04	安徽古井貢酒股份有限公司	安徽

表6-6　上海國際酒業交易中心承銷會員情況表

會員序號	名稱	公司所在區域
801	上海棣通酒業有限公司	上海
802	奉化市工業經營有限公司	浙江
803	牛爾（上海）資產管理有限公司	上海
804	上海瑞新恒捷投資有限公司	上海
805	山東億點投資有限公司	山東
806	浙江盈通科技發展有限公司	浙江

表6-7　上海國際酒業交易中心經紀會員情況表

會員序號	名稱	公司所在區域
101	上海隆達酒業有限公司	上海
102	上海九酒投資管理有限公司	上海
103	上海得譽國際貿易有限公司	上海
104	天津潤茂貴金屬經營有限公司上海分公司	上海
105	上海達茂投資管理中心（普通合夥）	上海

表6-7(續)

會員序號	名稱	公司所在區域
106	上海耀康國際貿易有限公司	上海
107	上海增寰投資有限公司	上海
108	上海凱絲投資管理有限公司	上海
109	上海臥石泉商貿有限公司	上海
111	上海融昊投資管理有限公司	上海
112	賽越投資（上海）有限公司	上海
113	上海金盛宴酒業有限公司	上海
115	上海信信投資管理有限公司	上海
118	上海玉醴投資管理有限公司	上海
119	上海瑞美國際旅行社有限公司	上海
131	北京樂水源商貿有限公司	北京
171	鄭州潤茂貴金屬有限公司	河南
201	寧波哲誠進出口有限公司	浙江
202	杭州梧都貿易有限公司	浙江
251	蘇州市奧爾泰複合材料有限公司	江蘇
301	山東永壽食品有限公司	山東
321	安徽融道投資有限公司	安徽
368	欣祺益（福建）投資有限公司	福建
369	道生（福建）投資有限公司	福建
521	大連藝龍投資管理有限公司	遼寧
536	成都豐信投資有限公司	四川
601	廣州恩翰投資諮詢有限公司	廣東
602	深圳新粵閩投資管理有限公司	廣東
603	廣州正金投資諮詢有限公司	廣東

表 6-8　上海國際酒業交易中心酒品客戶申購基本情況表

酒品名稱	中簽率	客戶有效申購數量/瓶	客戶有效申購資金量/萬元	發行規模/萬元
中國品味 2011 珍藏版	37.33%	21,429	24,106,884	8,999,100
水晶舍得 2012 珍藏版	8.15%	981,978	95,704,564	7,799,922
西鳳·國典鳳香 50 年年份酒 2012 珍藏版	14.10%	680,710	68,085,106	9,600,000
中國強古井貢酒·年份原漿 2012 珍藏版	39.99%	200,073	21,505,376	8,600,000

表 6-9　上海國際酒業交易中心酒品發行基本情況表

酒品名稱	酒品代碼	發行會員	承銷會員	發行量/瓶	公開發行量/瓶	承銷會員包銷量/瓶	發行價格
中國品味 2011 珍藏版	101111	瀘州老窖股份有限公司（會員代碼為 A01）	上海瑞新恒捷投資有限公司（會員代碼為 804）	9,999	8,000	1,999	9,000 元/瓶（1,500 元/500ml）
水晶舍得 2012 珍藏版	102112	四川沱牌舍得酒業股份有限公司（會員代碼為 A02）	上海棣通酒業有限公司（會員代碼為 801）	99,999	80,000	19,999	780 元/500ml/瓶
西鳳·國典鳳香 50 年年份酒 2012 珍藏版	103112	陝西西鳳酒集團股份有限公司（出品方）陝西國典鳳香營銷有限公司（會員代碼為 A03）	奉化市工業經營有限公司（會員代碼為 802）	120,000	96,000	24,000	800 元/500ml/瓶
中國強古井貢酒·年份原漿 2012 珍藏版	104112	安徽古井貢酒股份有限公司飛騰酒業有限公司（會員代碼為 A04）	山東億點投資有限公司（會員代碼為 805）	100,000	80,000	20,000	860 元/500ml/瓶

國窖1573‧中國品味2011珍藏版（代碼101111），從2011年12月開盤至2012年8月，交易比較穩定，交易價格總體呈上升趨勢，如圖6-2所示。交易成交量有較大波動，如圖6-3所示。

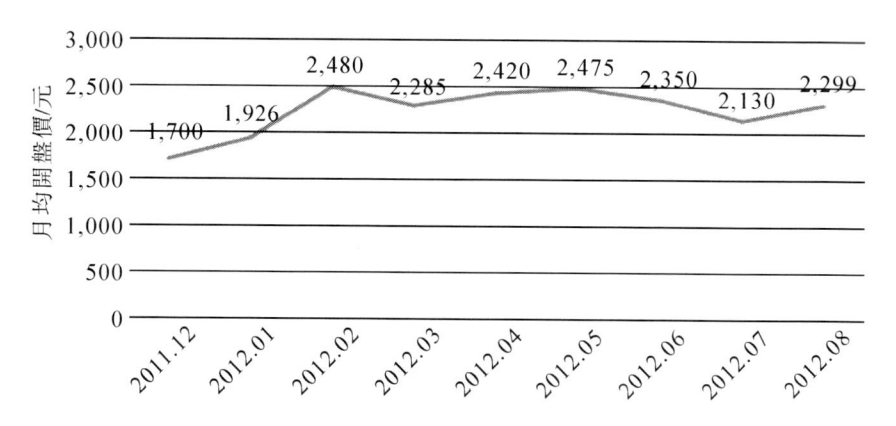

圖6-2　上海國際酒業交易中心中國品味
2011珍藏版月均開盤價走勢圖

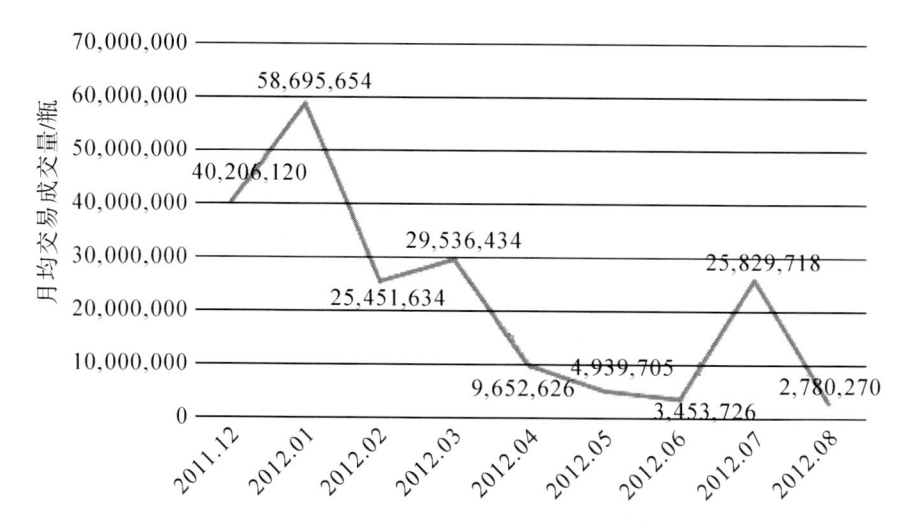

圖6-3　上海國際酒業交易中心中國品味
2011珍藏版月均交易成交量走勢圖

水晶舍得2012珍藏版（代碼102112）於2012年3月15日正式在上海國際酒業交易中心開始交易。交易首日，水晶舍得2012珍藏版以1,088元開盤後，價格快速上衝，一度到達1,200元的最高價，之後緩慢回落，全天交易大部分在1,000元上下成交，最後以979元的價格收盤。相比於申購價780元，

首個交易日價格上漲 199 元，漲幅為 25.51%，換手率為 14.08%，交易較為活躍。之後單筆交易價格一路走低，如圖 6-4 所示。交易成交量也呈下降趨勢，如圖 6-5 所示。

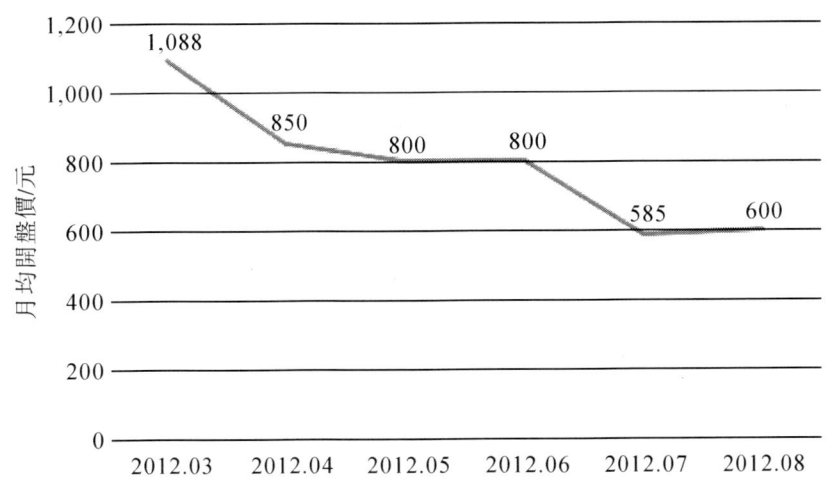

圖 6-4　上海國際酒業交易中心水晶舍得
2012 珍藏版月均開盤價走勢圖

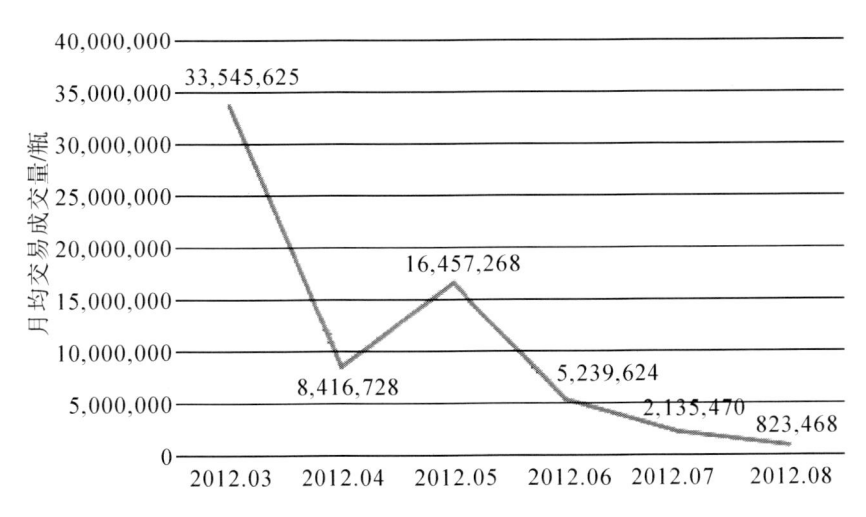

圖 6-5　上海國際酒業交易中心水晶舍得
2012 珍藏版月均交易成交量走勢圖

西鳳・國典鳳香 50 年年份酒 2012 珍藏版（代碼 103112）2012 年 4 月 19 日在上海國際酒業交易中心正式開始公開交易，首個交易日以全天最高價 880 元開

盤，最低價777元，收於809元，下跌71元，跌幅8.07%，成交20,666瓶，首日換手率為17.22%。之後單筆交易價格下跌，8月交易有回暖趨勢，如圖6-6所示。交易成交量持續走低，如圖6-7所示。

圖6-6 上海國際酒業交易中心西鳳・國典鳳香
2012珍藏版月均開盤價走勢圖

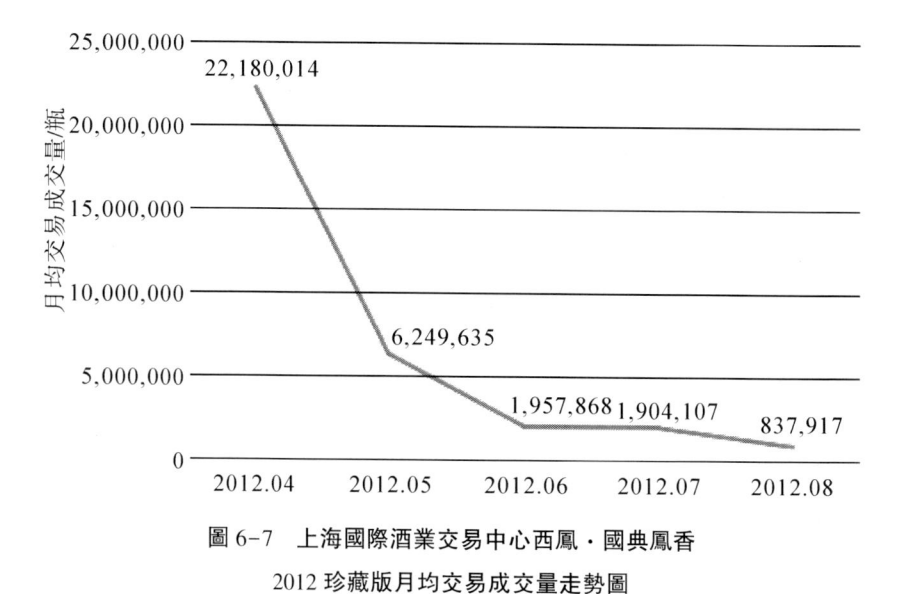

圖6-7 上海國際酒業交易中心西鳳・國典鳳香
2012珍藏版月均交易成交量走勢圖

中國強古井貢・年份原漿2012珍藏版（代碼104112）於2012年5月17

日正式在上海國際酒業交易中心開始交易。交易首日，開盤價為868元，最高價為1,400元，最低價為790元，收盤價為1,300元；相比於申購價860元，首個交易日價格上漲440元，漲幅51.16%，首日換手率為16.37%。之後連續3天跌停，交易首周周跌幅達29.06%。中國強古井貢·年份原漿2012珍藏版總體交易價格及交易量呈下降趨勢，如圖6-8、圖6-9所示。

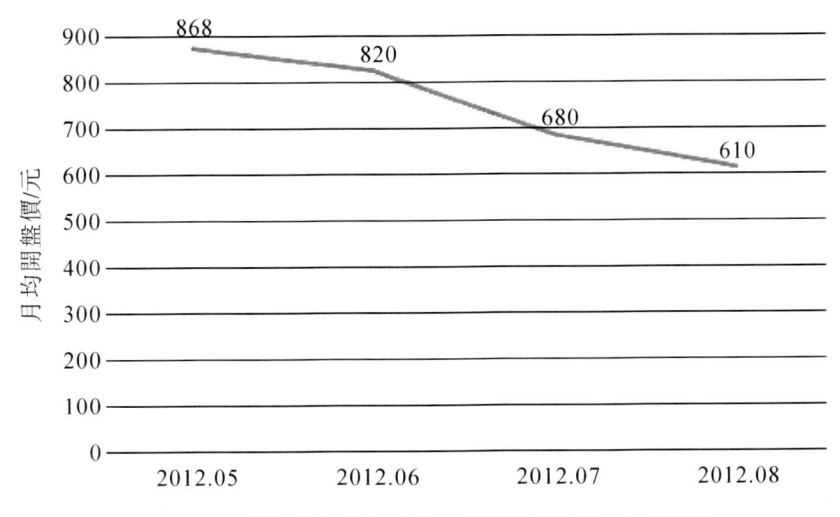

圖6-8　上海國際酒業交易中心中國強古井貢·年份原漿
2012珍藏版月均開盤價格走勢圖

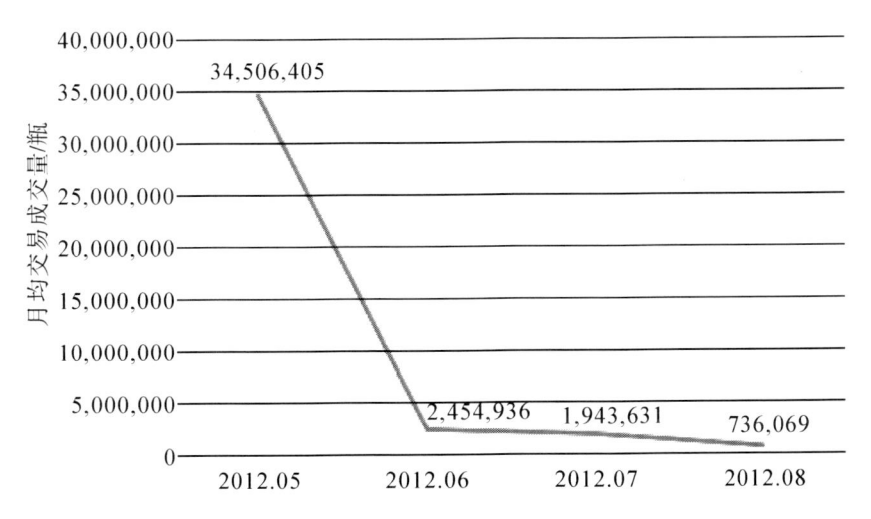

圖6-9　上海國際酒業交易中心中國強古井貢·年份原漿2012珍藏版
月均交易成交量走勢圖

截至 2012 年 8 月 17 日，上海國際酒業交易中心四個品種中，除「國窖 1573・中國品味 2011 珍藏版」以外，其餘三個品種已跌破發行價。價格下跌意味著交易中心市場上出現了大量的「賣盤」，而市場主力又缺乏大量的資金去吸收中小股東的拋盤。

交易中心白酒商品資產證券化產品盤面價格的下跌，一方面，直接影響主承銷商的利益，因為交易中心交易機制中規定主承銷商必須包銷 20% 的資產證券化產品，而且主承銷商要等到 4 個月之後才能全部拋售所持資產證券化產品；另一方面，也直接影響白酒生產企業的利益。白酒商品資產證券化產品的盤面價格與實體流通渠道白酒產品價格有著或多或少的聯繫。白酒商品資產證券化產品盤面價格的下跌，不利於實體流通渠道白酒產品價格的維護。在白酒生產企業和主承銷商利益均受到影響的情況下，其他的白酒生產企業和機構投資者會非常謹慎地參與上海國際酒業交易中心所開發的白酒商品資產證券化產品的發行與承銷活動。

6.4　上海國際酒業交易中心發展中的困境分析

從以上分析中我們可以看到，上海國際酒業交易中心在其發展過程中遇到了實實在在的「困境」。這種「困境」是以其所發行的白酒商品資產證券化產品上市交易後，二級市場的交易非常不活躍，以及產品交易價格迅速「下挫」集中體現出來的。

6.4.1　資產證券化產品價格波動的基本機理

上海國際酒業交易中心採取的是類股票集合競價交易機制，因此，我們可以將白酒商品資產證券化產品視為「酒股」，而白酒商品資產證券化產品的交易價格也就可以被視為「酒股」的價格。同時，我們有必要先瞭解股票價格波動的基本原因。

股票本身沒有價值，只是紙制的憑證，但是股票持有人卻能憑藉股票獲得收益。因此，持有人轉讓股票時，就要索取報酬，這就形成了股票價格。股票價格又稱股票市，是買賣股票的市場價格。股票面額和股票價格往往不一致，股票價格有時高於面額，有時又低於面額。股票價格是經常波動的，而且

很難預料。究竟是什麼因素促使股票價格發生變動？股票價格又是怎樣決定的？

要回答這些問題，就要瞭解股票的內在價值。股票的內在價值是指股票所能代表的真正價值，也就是股票預期所能獲得的收益。預期股票帶來的收益越高，這種股票的價格就越高；反之，則低。股票預期收益客觀上受制於企業的生產經營前景、財務狀況以及盈利能力等因素，主觀上受人們對股票走勢分析的影響。人由於認識的不同，對同一股票可能得出不同的看法。資本市場普遍認為，股票價格隨著市場的力量而每天波動，也就是說價格隨著供求關係的變化而改變。如果願意買股票的人多於賣股票的人，則股票價格上升。反之，如果賣股票的人多於買股票的人，則股票價格下跌。股價的波動反應了投資者對於公司價值的看法。股價是具有前瞻性的，股價不僅反應了公司的當前市值，而且還蘊涵著投資者對於公司未來發展的期待。影響公司價值最主要的因素是其盈利。從長期來看，一個公司沒有盈利就無法生存。

股票價格還受市場利率的影響。利率高時，股票價格下跌；利率低時，股票價格上漲。若以公式表示股票價格，則有：股票價格＝股票預期收益／當期市場利率。

總之，股票價格波動的原因相當複雜。政治局勢、經濟狀況、股票供求、投資心理以及政府干預等因素均會影響股票價格。

6.4.2 上海國際酒業交易中心白酒商品資產證券化產品價格波動原因分析

上海國際酒業交易中心白酒商品資產證券化產品價格的下跌，意味著其市場上出現了大量的「賣盤」，而「賣盤」又意味著有投資者虧本拋售所持白酒商品資產證券化產品「離場」而去。那麼，投資者為什麼會虧本低價拋售所持白酒商品資產證券化產品呢？

對此，筆者在投資者較為集中的上海地區對投資者進行了訪談調查。調查結果顯示，導致投資者低價虧本拋售所持白酒商品資產證券化產品的主要原因是：①投資者普遍預期所持有的白酒商品資產證券化產品短期不能獲利；②投資者預期所持有的白酒商品資產證券化產品未來價格還有可能下跌。進一步的調查結果顯示，投資者對市場的這種非樂觀判斷預期是由多種因素造成的。

首先，由於上海國際酒業交易中心採取的是「類股票」交易機制。投資者的「經濟人理性」是導致其對市場的非樂觀判斷預期的一個重要原因。市

場經濟環境下，白酒商品資產證券化產品的投資者也是理性的「經濟人」。投資者的這種「理性」集中表現在，當其在短期內無法獲得其期望的收益時，會通過交易平臺二級市場及時變現證券化酒品，將資金轉移到其他投資領域。

而融資成本又是加深投資者「理性」的重要原因。訪談中，筆者瞭解到交易中心的部分白酒商品資產證券化產品投資者，最初是通過銀行或者民間融資進入白酒商品資產證券化產品市場進行投資的。投資者通過銀行融資大多為房產質押貸款，成本為年利率8%左右，而民間融資成本大多為月息2%。當這部分投資者在短期內無法獲得其期望的收益時，將面臨極大的償貸壓力。融資成本壓力會迫使投資者擇機拋售所持白酒商品資產證券化產品。股票市場通行的「信心比黃金更重要」法則也適用於這個市場。也即，當市場上有部分投資者拋售所持白酒商品資產證券化產品時，如果市場缺乏主力去吸收這部分投資者的「拋盤」，其他投資者的信心也會喪失，進而會跟風「拋盤」，大量的「拋盤」會導致買漲不買跌的現象，最終會導致「傳染病式」的整個盤面交易價格的下挫。

其次，市場缺乏「主力資金」去吸收部分投資者的「拋盤」。主力資金是指在股票市場中能夠影響股市甚至控制股市中短期走勢的機構投資者資金。

在此，我們要質疑為什麼交易中心的交易市場上會缺乏「主力資金」去吸收投資者的低價「拋盤」呢？

交易中心的交易市場上又似乎是存在盤面價格維護的「主力資金」的。事實上，酒廠和主承銷商均可以提供盤面價格維護的「主力資金」。首先，如前所述，盤面價格的下挫會或多或少地影響酒廠實體渠道產品的銷售，因此，酒廠有可能成為盤面價格維護的「主力」。其次，交易中心交易規則明確規定，主承銷商必須持有20%的白酒商品資產證券化產品，而且對這部分白酒商品資產證券化產品有4個月的「禁售期」，因此，主承銷商是市場中持有「籌碼」較多的主體，主承銷商可以憑藉這些「籌碼」引導其他投資者的交易，而盤面價格的下挫會直接引發主承銷商所持有「籌碼」的貶值。

綜上所述，酒廠和主承銷商均有動機、責任和義務維護盤面價格。在交易中心交易機制設計中，應當說一開始就不缺乏市場「主力」。但是，作為市場「主力」的酒廠和主承銷商為什麼又不去吸收投資者的「拋盤」呢？

實際上，缺乏最終合理的「出貨渠道」是制約酒廠和主承銷商「托盤」的主要原因。對於酒廠和主承銷商而言，「出貨渠道」主要有兩種：一是酒廠

和主承銷商大量將吃進的投資者的「拋盤」賣給新的投資者；二是酒廠和主承銷商可以從盤面上提貨，然後再通過自身擁有的白酒實體銷售渠道將產品銷售給白酒消費者。

　　但是，必須考慮三方面的實際情況。第一，由於主承銷商大多為私募基金轉型而來的機構，其本身缺乏既有的實體銷售渠道來消化手中所持有的酒品。第二，酒廠均將交易中心的平臺當成一個銷售酒品的平臺，簡而言之，「酒廠進了腰包的錢是不太容易再還回去的」。因此，酒廠一般不會輕易出手回購白酒商品資產證券化產品。第三，交易中心規定白酒商品資產證券化產品的投資者可以從盤面上提貨用於實體白酒消費。也就是說，白酒商品資產證券化產品的投資者也是潛在的酒品消費者，但是白酒商品資產證券化產品的投資者主要是由經紀會員發展而來的，而交易中心成立不久，經紀會員以及由其發展的白酒商品資產證券化產品的投資者規模都還非常有限。白酒商品資產證券化產品的投資者規模非常有限，從盤面上提貨用於實體白酒消費的規模就非常有限，進而導致酒廠和主承銷商的「出貨渠道」也非常有限。

　　因此，當主承銷商吃進大量中小投資者拋售的「酒股」後，如果沒有新的白酒商品資產證券化產品投資者進入市場「補倉」，主承銷商只有繼續持有這些「酒股」。而當主承銷商意識到其缺乏既有的實體銷售渠道來消化手中所持有的酒品，「托盤」將造成其資金的流動性缺乏，甚至會引發其日常資金鏈斷裂，主承銷商就會非常謹慎地操盤，而不去吸收投資者的「拋盤」。

6.5　上海國際酒業交易中心交易機制完善研究

　　在上海國際酒業交易中心盤面價格波動，投資者利益受損的情況下，上海國際酒業交易中心對交易機制進行了重大修改，這主要體現在 2012 年 10 月第 5 只資產證券化產品「科普克 1967」（Kopke Colheita 1967 Porto）的交易機制中。為此我們有必要對其進行實證研究。

6.5.1　Kopke Colheita 1967 Porto 資產證券化產品研究

6.5.1.1　Kopke Colheita 1967 Porto 資產證券化產品基礎資產簡介
Kopke Colheita 1967 Porto 是由葡萄牙最古老的波特酒酒莊科普克（Kopke）

所釀制。Kopke，是市場上單一年份茶色波特的領軍品牌，占據該種高端波特酒全球份額的 25% 以上。Kopke Colheita 1967 Porto，窖藏 45 年，僅存世 3 萬瓶。波特酒產自葡萄牙杜羅河法定葡萄酒產區裡，該產區種植葡萄的山坡斜度達 60 度，給葡萄的種植和採摘帶來巨大難度，無法機械操作，一切靠人工完成。該酒品從葡萄甄選、汁液萃取、酒體發酵到瓶身的設計與刻畫，都依靠人工操作。波特酒被稱為葡萄牙的國酒（只有葡萄牙杜羅河法定葡萄產區所釀制的葡萄酒才能被冠名波特酒），在歐洲享有極高的聲譽。該葡萄酒的出品人葡萄牙科普克酒莊歸納了其五方面的優勢。

1.「葡萄酒中的紳士」

波特酒的發揚歷史可以追溯到 17 世紀後期。當時英法兩國關係十分緊張，作為當時最大的葡萄酒消費國，英國迫不及待地想尋找除法國以外的葡萄酒供給地，最終尋覓到了葡萄牙的杜羅河河岸。其後，葡萄牙的葡萄酒隨著大英帝國的繁榮開始傳遍世界。在跨越大洋的長途運輸中，為了保持葡萄酒的穩定性，大酒商開始往裝有葡萄酒的木桶內加入烈酒白蘭地，使其酒精度在 20 度左右，最初的波特酒就此橫空出世。後來，只有位於葡萄牙北部的杜羅河谷法定產區（波爾圖以東約 100 千米）所產的葡萄釀造而成的酒才能被稱為「波特酒」。一直以來，波特酒都是葡萄牙、英國國王和貴族俱樂部專用的葡萄酒，英國女王登基 60 週年慶典便是使用波特酒作為其國宴用酒。

18 世紀的英國作家塞繆爾·約翰遜曾說過：「男孩喝紅酒，男人喝波特；要想當英雄，就喝白蘭地。」按照這種說法，男人的成熟度似乎與他喜歡喝的酒的酒精度成正比，而波特酒是給正在發酵中的葡萄汁加入了白蘭地的加烈葡萄酒，酒精含量通常在 20% 左右，高於紅酒又低於白蘭地。因此，波特酒又被稱為「葡萄酒中的紳士」。

2. 獨特的地理環境

波特酒的產區杜羅河谷風景優美，農田從山坡上幾乎垂直蔓延至河邊，氣候冬季溫暖濕潤，夏季相對干燥，非常適宜葡萄的生長，孕育出不同品種的葡萄是醞釀波特酒的上等原料。

3. 全人工環節釀造

波特酒的珍貴秘訣就在於種植釀造所有的工藝都需要人工來完成。在採摘季節，葡萄送至酒廠，被倒入當地特有的水泥槽，到了晚上葡萄採摘工人就爬進水泥槽，開始單調的工作，為的是能盡量迅速地萃取色素和單寧。在釀造

Kopke Colheita 1967 Porto 時，更是嚴格遵循全人工環節的操作，只有這樣，才可以釀造出風味最濃鬱、最具陳年窖藏潛力的波特酒。

4. 獨特的釀造工藝

Kopke Colheita 1967 Porto 的精華源於獨特的釀造三步曲。在葡萄成熟的最佳時機，人工採摘後葡萄果實要經除梗、壓碎等工序；之後通過浸漬釀造方式萃取葡萄皮的顏色、單寧及芳香，發酵過程中持續淋皮。該過程將在 28 度至 30 度的溫度下在大桶中進行，直至達到期望的波美度。在此階段，加入白蘭地以便形成加強葡萄酒。

5. 酒體與口感

酒品顏色為略帶綠暈的深琥珀色；果脯香味撲鼻而來，並伴有明顯的榛子香氣；入口酒體厚重，結構飽滿，帶有令人愉悅的焦糖和巧克力味。該酒品搭配的多樣性讓飲用者能夠獲得愉悅的新口感探索體驗。

6.5.1.2 Kopke Colheita 1967 Porto 資產證券化產品交易流程

筆者通過調查發現，Kopke Colheita 1967 Porto 資產證券化產品的交易流程主要分為以下五個步驟：

第一步，Kopke Colheita 1967 Porto 出品人葡萄牙科普克酒莊授權上海國際酒業交易中心發行會員宏葡（上海）貿易有限公司（會員代碼為 A09，簡稱「宏葡公司」）作為 Kopke Colheita 1967 Porto 在上海國際酒業交易中心發行上市的唯一合法發行主體。

第二步，承銷會員大乾同（上海）投資發展有限公司（會員代碼為 807），接受發行會員宏葡（上海）貿易有限公司的委託，擔任 Kopke Colheita 1967 Porto 資產證券化產品在上海國際酒業交易中心發行上市的主承銷商。

第三步，承銷會員大乾同（上海）投資發展有限公司選擇中國投資者集中的重要地區城市，舉行發行路演推介會，向投資者宣傳推薦 Kopke Colheita 1967 Porto 資產證券化產品。

第四步，承銷會員大乾同（上海）投資發展有限公司在上海國際酒業交易中心正式承銷發行 Kopke Colheita 1967 Porto 資產證券化產品。

第五步，投資者向指定銀行繳款後，以搖號中簽方式集中申購公開發行的 Kopke Colheita 1967 Porto 資產證券化產品。

6.5.1.3 Kopke Colheita 1967 Porto 資產證券化產品基本資料

作為上海國際酒業交易中心發行的第一款紅酒類資產證券化產品，Kopke

Colheita 1967 Porto 的基本資料情況如表 6-10 所示。

表 6-10　Kopke Colheita 1967 Porto 發行基本資料

酒品全稱	Kopke Colheita 1967 Porto
酒品名稱	科普克 1967
酒品代碼	201112
出品人	葡萄牙科普克酒莊（Kopke）
發行會員	宏葡（上海）貿易有限公司（會員代碼為 A09）
承銷會員	大乾同（上海）投資發展有限公司（會員代碼為 807）
發行量	30,000 瓶
公開發行量	25,500 瓶
公開發行價格	1,380 元/750ml・瓶（不含稅價）
承銷會員包銷數量	3,000 瓶
承銷會員酒品減持規定	自上市日起，每月減持不超過發行總量的 5%
定向配售數量	1,500 瓶
定向配售價格	1,242 元/750ml・瓶（不含稅價）
定向配售規定	自上市日起，禁售期為一年，禁售期間可以提貨
報價單位	元/750ml・瓶
報價貨幣	人民幣
每瓶淨含量	750ml
釀造年份	1967 年
包裝	玻璃瓶包裝
公開發行時間	2012 年 10 月 30 日 9:30—15:00
每交易帳戶最大申購量	3,700 瓶
每交易帳戶最小申購量	37 瓶
每交易帳戶最小申購資金	≥53,613 元（含發行服務費）
申購次數	1 次，不可重複申購
搖號中簽日期	2012 年 11 月 6 日
酒品登記日期	2012 年 11 月 6 日
申購未中簽資金解凍日	2012 年 11 月 6 日搖號結束後釋放未中簽資金

表6-10(續)

酒品起始提貨日期	2012年12月25日
海關清關稅費參考	1. 關稅稅率14% 2. 增值稅稅率17% 3. 消費稅稅率10% 4. 清關時涉及客戶的其他進口代理等費用 註：以清關時海關及代理公司發生實際稅費核算為準
指定倉庫	上海外高橋保稅區紅酒倉庫
倉儲費用	起始提貨日起一年免租金
保險費用	起始提貨日起一年免保險費
託管費	360天免託管費期
回購條款	如果酒品上市後的一年內不能連續三個月每日收盤價達到發行價的116%（1,601元/瓶），則發行人在本發行公告規定的回購期內按發行價的115%（1,587元/瓶）對參與回購的客戶履行回購義務。定向配售部分不參與回購
回購期	2013年10月23日—2013年10月31日

6.5.1.4 Kopke Colheita 1967 Porto資產證券化產品評析

Kopke Colheita 1967 Porto資產證券化產品，是上海國際酒業交易中心在對前4只已發行產品存在的問題進行系統分析的基礎上推出的一款新的資產證券化產品，其交易機制創新具體體現在以下兩個方面：

其一，交易中心增加了發行人回購及回購擔保條款。2012年10月30日交易中心公布的發行資料顯示：如果酒品（Kopke Colheita 1967 Porto）上市後的一年內不能連續三個月每日收盤價達到發行價的116%（1,601元/瓶），則發行人自2013年10月23日至2013年10月31日按發行價的115%（1,587元/瓶）對參與回購的客戶履行回購義務。

同時，交易中心要求，Kopke Colheita 1967 Porto資產證券化產品公開發行成功後，發行人及時辦理標的額為港幣7,750,000元的葡萄牙必利勝銀行履約保函（保函有效期至2013年11月11日），與上海國際酒業交易中心凍結24,467,400元的貨款同時作為發行人履行回購義務的回購擔保。在收到回購擔保保函前，全額貨款處於凍結狀態。屆時，如果發行人不能充分履行回購義務，該擔保款及保函賠付額將作為違約金支付給參與回購但因發行人原因而未能實現回購的客戶。

其二，交易中心增加了發行定向配售條款。2012年10月30日交易中心公布的發行資料顯示：本次酒品（Kopke Colheita 1967 Porto）發行中，發行人向交易場所申請了定向配售。定向配售價格為1,242元/瓶（不含稅價）；定向配售客戶自酒品上市交易之日起至2013年11月5日，其持有的酒品不得通過上海國際酒業交易中心交易系統賣出，但可以提貨；定向配售客戶不得參與本次酒品的回購。

交易中心網站僅公示了標的額為港幣15,500,000元的葡萄牙必利勝銀行履約保函（保函有效期至2012年12月31日）。該銀行履約保函顯示，如果委託人（principal）與或者（and or）宏葡（上海）貿易有限公司違約，葡萄牙必利勝銀行將承擔有條件支付額度不超過港幣15,500,000元的履約責任。此履約保函僅為宏葡（上海）貿易有限公司提供交貨期的交貨保障。

從表6-11的匯算中我們可以看出，宏葡（上海）貿易有限公司當期實際獲得發行收入為16,725,600元。我們按照應該回購的發行量28,500瓶（公開發行量25,500瓶+承銷會員包銷部分數量3,000瓶）計算，發行人宏葡（上海）貿易有限公司共需要準備回購保證資金45,229,500元。而宏葡（上海）貿易有限公司準備的回購保證資金總額僅僅為30,684,450元，缺口高達14,545,050元；如果回購不含承銷商包銷部分，僅回購公開發行量部分，發行人宏葡（上海）貿易有限公司也需要準備回購保證資金40,468,500元，缺口仍然高達9,784,050元。

因此，筆者認為宏葡（上海）貿易有限公司回購保證資金根本不足以對投資者履行回購義務，其對投資者所承諾的履行回購義務具有極強的不確定性。宏葡（上海）貿易有限公司是在互聯網上無法查詢的公司，上海國際酒業交易中心也未公布其詳細工商登記材料和公開信息資料，而這更加增強了宏葡（上海）貿易有限公司對投資者所承諾的履行回購義務的不確定性。

同時，我們可以看出Kopke Colheita 1967 Porto資產證券化產品的發行獲得了以下積極效益：

（1）產品銷售收入。通過以上分析可以看出，除了交易中心凍結貨款外，宏葡公司發行當期實際獲得發行收入16,725,600元，這在中國葡萄酒市場競爭激烈的狀況下是難能可貴的。同時，也不排除在近一年的交易期內，由於市場交投不活躍，投資者缺乏耐心，而導致的提取該產品的基礎資產進行消費的可能。

（2）降低融資成本。Kopke Colheita 1967 Porto 資產證券化產品發行結束後，儘管交易中心凍結了宏葡公司 24,467,400 元，但是這部分資金在銀行是按照一年期定期存款計算的，利息歸屬宏葡公司。因此，宏葡公司發行 Kopke Colheita 1967 Porto 資產證券化產品，非但不用支付融資成本，還可以賺取利息收入。而且，中國金融機構通行的大額協議存款利率會在央行確定的一年期基準定期存款利率基礎上上浮 20 個基點，按照 2012 年 10 月央行確定的一年期

表 6-11 宏葡（上海）貿易有限公司發行
Kopke Colheita 1967 Porto 收入支出一覽表

項目編號	收支項目	金額/元	備註
（1）	宏葡公司公開發行部分收入	35,190,000	公開發行量 25,500 瓶×公開發行價格 1,380 元/750ml·瓶（不含稅價）
（2）	宏葡公司承銷會員包銷部分收入	4,140,000	承銷會員包銷部分數量 3,000 瓶×公開發行價格 1,380 元/750ml·瓶（不含稅價）
（3）	宏葡公司定向配售部分收入	1,863,000	定向配售部分數量 1,500 瓶×定向配售價格 1,242 元/750ml·瓶（不含稅價）
（4）	宏葡公司應獲得發行收入	41,193,000	（1）+（2）+（3）
（5）	交易中心凍結貨款	24,467,400	見「Kopke Colheita 1967 Porto 在上海國際酒業交易中心發行公告」第六條：回購擔保
（6）	宏葡公司發行當期實際獲得發行收入	16,725,600	（4）-（5）
（7）	葡萄牙必利勝銀行履約保函	6,217,050	港幣 7,750,000 元按照 1 港幣 = 0.802,2 人民幣元匯率換算
（8）	宏葡公司回購保證資金量	30,684,450	（5）+（7）
（9）	宏葡公司回購全部公開發行量需要資金量	45,229,500	1,587 元/瓶（發行價的 115%）×28,500 瓶
（10）	宏葡公司回購部分公開發行量需要資金量	40,468,500	回購量不含承銷商包銷部分。1,587 元/瓶（發行價的 115%）×25,500 瓶

表6-11(續)

項目編號	收支項目	金額/元	備註
(11)	宏葡公司回購全部公開發行量需要資金缺口量	-14,545,050	(8) - (9)
(12)	宏葡公司回購部分公開發行量需要資金缺口量	-9,784,050	(8) - (10)

備註：根據上海國際酒業交易中心網站公布數據整理而成。

基準定期存款利率3%計算，宏葡公司大約可以獲得3.6%的大額協議一年期存款利率。因此，此舉也降低了融資成本。

(3) 品牌提升效應。在中國葡萄酒市場「魚龍混雜」的狀況下，KopkeColheita 1967 Porto要想獲得好的銷售業績，必須投入大量的廣告，使其品牌廣為人知。但是 這又是一個費用投入巨大和漫長的過程 而宏葡公司通過Kopke Colheita 1967 Porto資產證券化產品的發行路演推介活動，就使得這一原本在中國葡萄酒市場陌生的品牌 ，在短時間內異軍突起而廣為人知。

6.5.2 景芝‧國標芝香紀念收藏酒資產證券化產品研究

景芝‧國標芝香紀念收藏酒資產證券化產品是由山東景芝酒業股份有限公司（會員代碼為A12）發行，在上海國際酒業交易中心發行上市的第6只白酒金融理財產品。其基本資料如表6-12所示。

表6-12 景芝‧國標芝香紀念收藏酒資產證券化產品發行基本資料

酒品全稱	景芝‧國標芝香紀念收藏酒
酒品名稱	景芝‧國標芝香
酒品代碼	105112
出品人	山東景芝酒業股份有限公司（會員代碼為A12）
發行會員	山東景芝酒業股份有限公司（會員代碼為A12）
承銷會員	大乾同（上海）投資發展有限公司（會員代碼為807）
總發行量	99,999 瓶
公開發行量	59,999 瓶

表6-12(續)

公開發行價格	550元/550ml·瓶（含稅價，合500元/500ml）
承銷會員包銷數量	20,000 瓶
承銷會員酒品減持規定	自上市日起，每月減持不超過發行總量的5%
定向配售數量	20,000 瓶
定向配售價格	495元/550ml·瓶（含稅價）
定向配售規定	自上市日起至2013年11月20日禁售，禁售期間可以提貨
報價單位	元/500ml（為產地含稅價）
報價貨幣	人民幣
每瓶淨含量	550ml
基酒年份	5年
酒精度	55%
包裝	點金彩瓷瓶
產品標碼	LTD.NO.2012-00001/99999—LTD.NO.2012-99999/99999
公開發行時間	2012年11月6日9：30—15：00
每交易帳戶最大申購量	9,100 瓶
每交易帳戶最小申購量	91 瓶
每交易帳戶最小申購資金	每交易帳戶最小申購資金 ≥52,552.5元（含發行服務費）
申購次數	申購次數1次，不可重複申購
搖號中簽日期	2012年11月13日
酒品登記日期	2012年11月13日
申購未中簽資金解凍日	2012年11月13日搖號結束後釋放未中簽資金
酒品起始提貨日期	2013年1月15日
指定倉庫	上海全方物流有限公司
倉儲費用	起始提貨日起一年免租金
保險費用	起始提貨日起一年免保險費
託管費	360天免託管費期

表6-12(續)

回購條款	如果酒品上市後的一年內不能連續65個交易日收盤價達到或超過發行價的115%（575元/500ml），則發行人在本發行公告規定的回購期內按發行價的115%（575元/500ml）對參與回購的客戶履行回購義務。定向配售部分不參與回購
回購期	2013年10月9日—2013年10月17日

通過對數據的分析（見表6-13），我們可以看出發行人景芝酒業通過景芝·國標芝香紀念收藏酒資產證券化產品的發行獲得了以下收益：

（1）產品銷售收入。景芝酒業發行當期共獲得發行收入53,899,450元，由於景芝酒業開具了回購銀行履約保函，景芝酒業實際獲得發行收入26,419,725元。這在中國白酒市場競爭激烈，且景芝·國標芝香還屬於地方區域性品牌的狀況下是難能可貴的。同時，不排除在近一年的交易期內，由於市場交投不活躍，投資者缺乏耐心而導致的提取景芝·國標芝香紀念收藏酒資產證券化產品基礎資產用於消費的可能。而這將進一步增加景芝酒業白酒產品的實際銷售收入。

（2）品牌提升效應。在中國白酒市場競爭激烈的狀況下，景芝酒業要想銷售好，必須投入大量的廣告，使品牌廣為人知。但是，這又是一個漫長的過程。而景芝酒業通過景芝·國標芝香紀念收藏酒資產證券化產品的發行路演推介活動，在短時間內就使得景芝·國標芝香紀念收藏酒這一原本在中國市場陌生的品牌異軍突起。

在認識到景芝·國標芝香紀念收藏酒資產證券化產品的發行為發行人景芝酒業帶來以上收益的同時，我們還應認識到該款產品存在的問題：

（1）從表6-13的匯算中我們可以看出，發行人景芝酒業當期應獲得發行收入為53,899,450元。由於發行人景芝酒業在上海國際酒業交易中心網站上公布的發行材料中，公開承諾如果「景芝·國標芝香」上市後的一年內不能連續65個交易日收盤價達到或超過發行價的115%（575元/500ml），則發行人在本發行公告規定的回購期內按發行價的115%（575元/500ml）對參與回購的客戶履行回購義務。

我們按照發行人景芝酒業應該回購的全部發行量79,999瓶計算，發行人景芝酒業共需要準備回購保證資金45,999,425元。而發行人景芝酒業提供的回購保證資金總額僅為27,479,725元，缺口高達18,519,700元。

因此，筆者認為發行人景芝酒業的回購保證資金根本不足以對投資者履行回購義務，其對投資者所承諾的履行回購義務具有極強的不確定性。而 2013 年國家白酒行業宏觀調控政策的收緊，更加增強了發行人景芝酒業對投資者所承諾的履行回購義務的不確定性。因此，我們認為景芝·國標芝香紀念收藏酒資產證券化產品的發行，在使發行人、交易中心獲得巨大利益的同時，也使投資者蒙受了巨大的投資風險。

（2）由於景芝·國標芝香紀念收藏酒資產證券化產品設置了回購擔保條款，那麼對於景芝酒業而言，這意味著其將面臨到期兌付。根據 2012 年 10 月央行確定的一年期基準定期貸款利率（6.0%）及相關貸款規則，如果景芝酒業此時貸款，一年期貸款利率應為 7.5% 左右。因此，對於景芝酒業而言，此次景芝·國標芝香紀念收藏酒資產證券化產品發行實際上是一次成本較高的融資活動。

表 6-13　景芝酒業發行景芝·國標芝香
紀念收藏酒收入支出一覽表

項目編號	收支項目	金額/元	備註
（1）	景芝酒業公開發行部分收入	32,999,450	公開發行量 59,999 瓶×公開發行價格 550 元/550ml·瓶
（2）	景芝酒業承銷會員包銷部分收入	11,000,000	承銷會員包銷部分數量 20,000 瓶×公開發行價格 550 元/550ml·瓶
（3）	景芝酒業定向配售部分收入	9,900,000	定向配售部分數量 20,000 瓶×定向配售價格 495 元/550ml·瓶（含稅價）
（4）	景芝酒業應獲得發行收入	53,899,450	（1）+（2）+（3）
（5）	銀行履約保函	27,479,725	見「景芝·國標芝香紀念收藏酒在上海國際酒業交易中心發行公告」第六條：回購擔保
（6）	景芝酒業發行當期實際獲得發行收入	26,419,725	（4）-（5）
（7）	景芝酒業回購保證資金量	27,479,725	（5）

表6-13(續)

項目編號	收支項目	金額/元	備註
(8)	景芝酒業回購全部公開發行量需要資金量	45,999,425	575元/500ml(發行價的115%)×79,999瓶,回購量中未包括定向配售客戶
(9)	景芝酒業回購部分公開發行量需要資金量	34,499,425	僅回購公開發行量59,999瓶×575元/500ml(發行價的115%)
(10)	景芝酒業回購全部公開發行量需要資金缺口量	−18,519,700	(7)−(8)
(11)	景芝酒業回購部分公開發行量需要資金缺口量	−7,019,700	(7)−(9)

6.5.3 酒祖杜康傳奇資產證券化產品研究

酒祖杜康傳奇資產證券化產品是由洛陽杜康控股有限公司(以下簡稱「杜康控股」)生產出品,由洛陽酒祖杜康銷售有限公司(會員代碼為A18)(以下簡稱「杜康銷售」)發行,在上海國際酒業交易中心發行上市的第7只白酒金融理財產品。其基本資料如表6-14所示。

表6-14 杜康傳奇2012紀念收藏酒資產證券化產品發行基本資料

酒品全稱	酒祖杜康傳奇
酒品名稱	杜康傳奇2012
酒品代碼	107112
出品人	洛陽杜康控股有限公司
發行會員	洛陽酒祖杜康銷售有限公司(會員代碼為A18)
承銷會員	北京中農創盈投資管理有限公司(會員代碼為809)
總發行量	200,000瓶
公開發行量	100,000瓶
公開發行價格	400元/500ml·瓶(含稅價)

表6-14（續）

承銷會員包銷數量	20,000 瓶
承銷會員酒品減持規定	其中 18,000 瓶只可以提貨，不得賣出，且不參與回購，其餘 2,000 瓶自上市日起，每月減持不超過發行總量的 5%
定向配售數量	80,000 瓶
定向配售價格	400 元/500ml・瓶（含稅價）
定向配售規定	所有定向配售酒品只可以提貨，不得賣出，且不參與回購
報價單位	元/500ml（為產地含稅價）
報價貨幣	人民幣
每瓶淨含量	500ml
基酒年份	15 年
酒精度	60%
包裝	彩瓷瓶
公開發行時間	2013 年 1 月 18 日 9：30—15：00
每交易帳戶最大申購量	12,500 瓶
每交易帳戶最大申購資金	5,250,000 元（含發行服務費）
每交易帳戶最小申購量	125 瓶
每交易帳戶最小申購資金	52,500 元（含發行服務費）
申購次數	1 次，不可重複申購
搖號中簽日期	2013 年 1 月 23 日
酒品登記日期	2013 年 1 月 23 日
申購未中簽資金解凍日	2013 年 1 月 23 日搖號結束後釋放未中簽資金
酒品起始提貨日	2013 年 3 月 25 日
指定倉庫	上海全方物流有限公司
倉儲費用	至 2014 年 3 月 24 日免租金
保險費用	至 2014 年 3 月 24 日免保險費
託管費	360 天免託管費

表6-14(續)

回購條款	如果酒品上市之日起至2013年10月22日的期間內不能連續65個交易日每日收盤價達到或超過發行價的116%（464元/500ml），則發行人在本發行公告規定的回購期內按發行價的115%（460元/500ml）對參與回購的客戶履行回購義務。承銷會員包銷的90%部分及定向配售部分不參與回購
回購期	2013年10月23日—2013年10月31日

通過對數據的分析（見表6-15），我們可以看出發行人杜康銷售通過酒祖杜康傳奇資產證券化產品的發行獲得了以下收益：

（1）產品銷售收入。杜康銷售發行酒祖杜康傳奇當期共獲得發行收入80,000,000元，因為有銀行履約保函，所以杜康銷售實際獲得發行收入33,000,000元。

這在中國白酒市場競爭激烈，酒祖杜康傳奇還屬於地方區域性品牌的狀況下是難能可貴的。同時，不排除在近一年的交易期內，由於市場交投不活躍，投資者缺乏耐心而導致的提取酒祖杜康傳奇資產證券化產品基礎資產用於消費的可能。而這將進一步增加杜康銷售、杜康控股白酒商品的銷售收入。

（2）品牌提升效應。首先，杜康銷售通過酒祖杜康傳奇資產證券化產品的發行路演推介活動，提升了酒祖杜康傳奇的知名度。其次，在杜康銷售看來，酒祖杜康傳奇資產證券化產品在上海國際酒業交易中心上市，意味著其產品與前期在上海國際酒業交易中心上市的中國一線品牌酒企瀘州老窖、西鳳、古井貢等的產品站在了同一「起跑線」上。

在認識到酒祖杜康傳奇資產證券化產品的發行為發行人帶來以上收益的同時，我們還應認識到該款產品存在的問題：

（1）從表6-15的匯算中我們可以看出，發行人杜康銷售應獲得發行收入為80,000,000元。由於發行人杜康銷售在上海國際酒業交易中心網站上公布的發行材料中，公開承諾「如果酒祖杜康傳奇資產證券化產品上市之日起至2013年10月22日的期間內不能連續65個交易日每日收盤價達到或超過發行價的116%（464元/500ml），則發行人在本發行公告規定的回購期內按發行價的115%（460元/500ml）對參與回購的客戶履行回購義務」。其中承銷會員包銷的90%部分及定向配售部分不參與回購。

我們按照發行人杜康銷售應該回購的公開發行量100,000瓶與承銷會員北

京中農創盈投資管理有限公司（會員代碼為809）包銷的10%的部分2,000瓶計算，發行人杜康銷售共需要準備回購保證資金46,920,000元。而發行人杜康銷售在上海國際酒業交易中心提供的回購保證資金總額僅為47,000,000元，雖然不存在資金缺口，但是發行人杜康銷售提供的回購保證金只是剛剛覆蓋準備回購保證金，餘額僅為80,000元。

因此，與前兩小節的分析相同，我們認為酒祖杜康傳奇資產證券化產品的發行，在使發行人、交易中心獲得巨大利益的同時，也使投資者面臨了投資風險。

（2）酒祖杜康傳奇資產證券化產品的發行設置了回購擔保條款，因此，對於杜康銷售而言，此次資產證券化產品的發行意味著其將面臨到期兌付，加之為此次發行所付出的會員費、承銷費等費用，對於杜康銷售而言，此次酒祖杜康傳奇資產證券化產品發行實際上是一次成本較高的融資活動。

表6-15　杜康銷售發行杜康傳奇2012
紀念收藏酒資產證券化產品收入支出一覽表

項目編號	收支項目	金額/元	備註
（1）	公開發行部分收入	40,000,000	公開發行量100,000瓶×公開發行價格400元/500ml·瓶（含稅價）
（2）	承銷會員包銷部分收入	8,000,000	承銷會員包銷部分數量20,000瓶×公開發行價格400元/500ml·瓶（含稅價），其中18,000瓶只可以提貨，不得賣出，且不參與回購，其餘2,000瓶自上市日起，每月減持不超過發行總量的5%
（3）	定向配售部分收入	32,000,000	定向配售部分數量80,000瓶×定向配售價格400元/500ml·瓶（含稅價）
（4）	應獲得發行收入	80,000,000	（1）+（2）+（3）
（5）	銀行履約保函	47,000,000	見「酒祖杜康傳奇在上海國際酒業交易中心發行公告」第六條：回購擔保。公開發行前，發行人已辦理標的額為人民幣47,000,000元的交通銀行履約保函
（6）	發行當期實際獲得發行收入	33,000,000	（4）-（5）

表6-15(續)

項目編號	收支項目	金額/元	備註
（7）	回購保證資金量	47,000,000	（5）
（8）	回購全部公開發行量需要資金量	46,920,000	承銷會員包銷的部分及定向配售部分不參與回購；發行人在本發行公告規定的回購期內按發行價的115%（460元/500ml）對參與回購的客戶履行回購義務
（9）	回購全部公開發行量需要資金缺口量	80,000	（7）-（8）

7 標準型白酒商品資產證券化產品設計

7.1 資產證券化概述

在研究標準型白酒商品資產證券化產品的設計之前，我們有必要先認識「資產證券化」。2014年11月19日，中國證監會公布的《證券公司及基金管理公司子公司資產證券化業務管理規定》（以下簡稱《管理規定》）第二條中稱：「本規定所稱資產證券化業務，是指以基礎資產所產生的現金流為償付支持，通過結構化等方式進行信用增級，在此基礎上發行資產支持證券的業務活動。」從《管理規定》的以上描述來看，能夠產生現金流的資產是資產證券化業務的「基礎」，結構化方式是資產證券化業務的主要「加工過程」，而通過發行資產支持證券募集資金是資產證券化業務的主要「目的」。

從金融產品的視角來看，資產支持證券是一種能夠用於證明證券持有人有權享有收益，可自由轉讓和買賣的憑證。其除了具有一般金融產品所具有的期限性、收益性、風險性等特徵，還具有標準化和高流動性等重要特徵。但是，《管理規定》並沒有對資產支持證券的種類進行明確界定。

事實上，我們通常可以將資產支持證券分為「股票」和「債券」兩個大類。在此區分基礎上，學界也普遍將資產證券化分為「廣義資產證券化」和「狹義資產證券化」兩個大類。廣義資產證券化是指基礎資產所有權人將其所持有的基礎資產，經過結構化重組轉換成可流通的所有權或者債權憑證的活動。實踐中，企業的上市融資活動以及發行資產支持債券、資產支持票據的活動均可以歸入廣義資產證券化範疇；而狹義資產證券化主要是指基礎資產所有

權人將其所持有的基礎資產，經過結構化重組轉換成可流通的債權憑證的活動。

7.2 商品資產證券化概述

就狹義資產證券化而言，目前中國的資產證券化產品主要分為兩大類，即信貸資產證券化和企業資產證券化。前者主要是指銀行等金融機構將其持有的流動性較弱的信貸資產，轉換成為可在資本市場上交易與流通的債券的過程。其中，信貸資產的形式、種類很多，包括住房抵押貸款、汽車貸款、消費信貸、信用卡帳款、企業貸款等各類信貸資產。而企業資產證券化主要是指非金融企業為了達到融資目的，將其所控制的、預計能夠產生穩定現金流的各類資產，經過一定的交易結構設計，轉換成可交易和流通的證券，從而使非金融企業獲得資金的活動。

由此可見，信貸資產證券化和企業資產證券化最大的區別是被證券化資產所對應的原始權益人的不同。信貸資產證券化的原始權益人主要是銀行等金融機構，而企業資產證券化的原始權益人主要是非金融企業。商品資產證券化可以視為企業資產證券化之下的一個重要分類。按照不同的分類標準，企業資產可以分為不同的類別。目前，在企業會計實務中，通常會將企業所屬資產劃分為流動資產、固定資產、無形資產、長期資產、遞延資產、生物資產和其他資產等類別。由於部分類別的資產可以產生一定的現金流，如企業購置的房產對外出租，可以產生租金；企業名下的商標、專利對外特許使用後，也可以產生使用費。基於這些現金流，企業也可以開發特定資產的資產證券化產品。

基於這種認識，商品資產證券化主要是指非金融企業將其所控制的、預計能夠產生穩定現金流的流動性商品資產，經過一定的交易結構設計，轉換成可交易和流通的證券，從而使非金融企業獲得資金的活動。這類商品資產主要是指企業在日常活動中持有以備出售的產成品或商品，以及處在生產過程中的在產品，屬於企業會計科目項下「存貨」範疇。

這類商品資產通常具有三個主要特徵。一是屬於企業的有形資產，而不是無形資產。二是具有較強的流動性。在企業的資產中，這類商品資產經常處於不斷銷售、耗用、購買或重置中，具有較快的變現能力和明顯的流動性。三是

具有時效性和發生潛在損失的可能性。在正常的經營活動下，這類商品資產能夠規律地轉換為貨幣資產或其他資產，但長期不能耗用的這類商品資產也有可能變為積壓物資或降價銷售，從而造成企業的損失。

基於這種認識，我們可以得出標準型白酒商品資產證券化產品的總體設計思路（見圖7-1），即白酒生產或者流通企業將其所控制的，預計能夠產生穩定現金流的白酒商品資產，經過一定的交易結構設計，轉換成可交易和流通的證券，從而使白酒生產或者流通企業獲得資金。

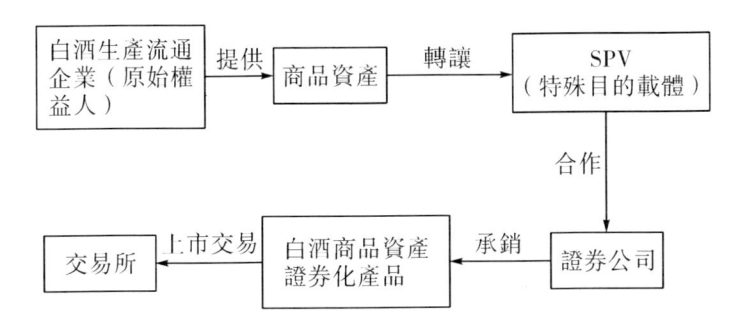

圖 7-1　標準型白酒商品資產證券化產品總體設計思路

7.3　標準型白酒商品資產證券化的參與主體

標準型白酒商品資產證券化的參與主體是在一般商品資產證券化參與主體基礎上發展而來的。一般來說，商品資產證券化的參與主體主要包括：原始權益人、特殊目的載體、資產管理人、託管人、資產服務機構、信用評級機構、信用增級機構、律師事務所、投資者等。在此基礎上，標準型白酒商品資產證券化的參與主體具體又有各自的特徵。

7.3.1　原始權益人

資產證券化中的原始權益人，也稱「發起人」，是指對被證券化基礎資產擁有原始產權的所有者，通常是非金融大型工商企業。之所以有「原始產權」的稱謂，是因為商品資產證券化過程中還需要有「特殊目的載體」或「特定目的受託人」的存在。因為相對於特殊目的載體，原始權益人是被證券化基礎資產的最初擁有者。實踐中，在「原始權益人」的基礎上，又衍生出「特

定原始權益人」的稱謂。特定原始權益人是指其業務經營可能對資產證券化產品投資者的利益產生重大影響的原始權益人，如「國窖1573・中國品味2011」白酒商品資產證券化的原始權益人是瀘州老窖股份有限公司，由於瀘州市國資委是瀘州老窖股份有限公司的實際控制人，因此，瀘州市國資委也就是「國窖1573・中國品味2011」白酒商品資產證券化產品的特定原始權益人。特定原始權益人在資產證券化產品存續期間，應當維持基礎資產相關的正常生產經營活動，或者為之提供合理的支持，以保障基礎資產能夠產生預期的現金流。

對於白酒商品資產證券化而言，其原始權益人主要是白酒商品的生產或者流通企業。白酒商品資產證券化產品的原始權益人應當確保白酒商品基礎資產真實、合法、有效，不存在虛假或詐欺性轉移等任何影響白酒商品資產證券化產品設立的情形。原始權益人的主要職責見表7-1。

表7-1　原始權益人主要職責

序號	主要職責內容
職責1	依照法律、行政法規、公司章程和相關協議的規定或者約定移交基礎資產
職責2	配合併支持管理人、託管人以及其他為資產證券化業務提供服務的機構履行職責
職責3	確保基礎資產真實、合法、有效，不存在任何影響專項計劃設立的情形
職責4	向管理人等有關業務參與人所提交的文件應當真實、準確、完整，不存在虛假記載、誤導性陳述或者重大遺漏
職責5	專項計劃法律文件約定的其他職責

除了一般企業資產證券化對「原始權益人」的要求外（見表7-2），由於白酒商品資產證券化的基礎資產往往依附於一定的白酒商品生產或者流通企業，具有較高品牌知名度的白酒商品生產或者流通企業提供的基礎資產所產生的現金流往往比較穩定、真實。因此，如果要提高白酒商品資產證券化產品發行的成功概率，應該優先選擇經營狀況較好、具有較高聲譽、市場形象較好、經營規模較大的中國白酒生產流通企業作為原始權益人。表7-3展示了2017年12月中國白酒上市公司的收入利潤情況。

表 7-2 原始權益人應符合條件

序號	主要條件內容
條件 1	生產經營符合法律、行政法規、特定原始權益人公司章程或者企業、事業單位的內部規章文件的規定
條件 2	內部控制制度健全
條件 3	具有持續經營能力，無重大經營風險、財務風險和法律風險
條件 4	最近三年未發生重大違約、虛假信息披露或者其他重大違法違規行為
條件 5	法律、行政法規和中國證監會規定的其他條件

表 7-3　2017 年 12 月中國白酒上市公司收入利潤表

白酒上市公司	股票代碼	營業收入/億元	淨利潤/億元	每股現金流/元
五糧液	000858	301.87	96.74	1.56
瀘州老窖	000568	103.95	25.58	2.47
水井坊	600779	20.48	3.35	1.07
貴州茅臺	600519	582.18	270.79	9.66
口子窖	603589	36.03	11.14	1.17
洋河股份	002304	199.18	66.27	-0.47

數據來源：東方財富網。

7.3.2　特殊目的載體

《管理規定》第四條規定：「證券公司、基金管理公司子公司通過設立特殊目的載體開展資產證券化業務適用本規定。前款所稱特殊目的載體，是指證券公司、基金管理公司子公司為開展資產證券化業務專門設立的資產支持專項計劃或者中國證監會認可的其他特殊目的載體。」

在標準化的白酒商品資產證券化產品設計中，特殊目的載體（special purpose vehicle，簡稱 SPV）的設計主要是為了達到與原始權益人所擁有的其他資產之間實現「風險隔離」的目的。特殊目的載體接受原始權益人轉讓的白酒商品基礎資產，或受原始權益人委託持有該白酒商品基礎資產，並以該基礎資產發行證券化產品。

特殊目的載體可以是「法人實體」或者「空殼公司」。這裡說「空殼公司」，是指特殊目的載體可以是一個剛剛成立的沒有資產負債的公司。一般來說，特殊目的載體沒有註冊資本的要求，也可以沒有固定的員工或者辦公場所。特殊目的載體最好為擁有一定信用的仲介機構，這樣可以保證白酒商品資產證券化產品的成功發行。特殊目的載體有特殊目的公司（special purpose company, SPC）和特殊目的信託（special purpose trust, SPT）兩種主要表現形式。但是，特殊目的載體必須「保證獨立性」和「破產隔離」。

實踐操作中，「特殊目的載體」一般為證券公司、基金管理公司子公司為開展資產證券化業務而專門設立的資產支持專項計劃（以下也簡稱「專項計劃」），或者資產證券化業務監管機構認可的其他特殊目的載體。

因此，選擇特殊目的載體時，通常要求滿足「破產隔離條件」，即原始權益人的破產均不會對特殊目的載體的權益產生任何影響；此外，特殊目的載體設立時，通常會由與白酒商品資產證券化產品交易各方無關聯的機構擁有，這樣特殊目的載體會按照既定的法律條文來操作，不至於產生利益衝突而偏袒另一方。在白酒商品資產證券化過程中，原始權益人一般也要按照約定向特殊目的載體轉移其合法擁有的白酒商品資產證券化產品的基礎資產以獲得資金。而這也就意味著原始權益人風險的轉移。但是，實踐中，特殊目的載體只有收到投資人支付的投資款後才會將該項資金支付給原始權益人。因此，白酒商品資產證券化產品最終的風險主要還是由投資人承擔的。

7.3.3 資產管理人

資產管理人是對白酒商品資產證券化產品進行管理並履行其他法定及約定職責的機構，實踐中一般由證券公司、基金管理公司或其子公司擔任。參照「資管新規」、《證券公司及基金管理公司子公司資產證券化業務盡職調查工作指引》，以及《證券公司及基金管理公司子公司資產證券化業務管理規定》，我們認為白酒商品資產證券化產品管理人的主要職責應包括盡職調查、督促協調、承銷發行等（見表7-4）。

表 7-4　白酒商品資產證券化產品管理人主要職責

職責分類	管理人主要職責
盡職調查	對相關交易主體和基礎資產進行全面盡職調查，可協助聘請具有從事證券期貨相關業務資格的會計師事務所、資產評估機構等相關仲介機構出具專業意見；瞭解投資者的財產與收入狀況、風險承受能力和投資偏好等，推薦與其風險承受能力相匹配的白酒商品資產證券化產品
督促協調	在白酒商品資產證券化產品存續期間，督促原始權益人以及為白酒商品資產證券化產品提供服務的有關機構，履行法律規定及合同約定的義務
承銷發行	辦理白酒商品資產證券化產品的發行事宜，按照約定及時將募集資金支付給原始權益人
管理產品	代表投資者的利益管理白酒商品資產證券化產品
資金監管	建立相對封閉、獨立的基礎資產現金流歸集機制，切實防範白酒商品資產證券化產品與其他資產混同以及被侵占、挪用等風險
現金流檢查	監督、檢查原始權益人持續經營情況和基礎資產現金流狀況，出現重大異常情況的，管理人應當採取必要措施，維護白酒商品資產證券化產品安全
收益分配	按照約定向白酒商品資產證券化產品投資者分配收益
信息披露	向投資者充分披露白酒商品資產證券化產品的基礎資產情況、現金流預測情況以及對白酒商品資產證券化產品的影響、交易合同主要內容及產品的風險收益特點，告知投資者其權利、義務，履行其他信息披露義務
終止清算	負責白酒商品資產證券化產品的終止清算等
風險揭示	製作風險揭示書充分揭示投資風險，在接受投資者認購資金前應當確保投資者已經知悉風險揭示書內容並在風險揭示書上簽字

　　管理人以自有資金或其管理的資產管理計劃、其他客戶資金以及證券投資基金，認購白酒商品資產證券化產品的比例上限，應按照有關規定和合同約定確定。白酒商品資產證券化產品變更管理人，應當充分說明理由，並向相關監管機構報告，同時抄送變更前後對管理人有轄區監管權的中國證監會派出機構。

　　管理人應當為白酒商品資產證券化產品單獨記帳、獨立核算，不同的白酒商品資產證券化產品在帳戶設置、資金劃撥、帳簿記錄等方面應當相互獨立。管理人管理、運用和處分白酒商品資產證券化產品基礎資產所產生的債權，不得與原始權益人、管理人、託管人、投資者及其他業務參與人的固有財產產生

的債務相抵銷。管理人管理、運用和處分不同白酒商品資產證券化產品所產生的債權債務,不得相互抵銷。

7.3.4 託管人

託管人主要是指按照白酒商品資產證券化產品募集說明書以及相關協議約定對相關資產資金進行保管,並監督產品資產資金運作的商業銀行或其他機構。按照目前通行的做法,白酒商品資產證券化產品資產資金應當由具有相關業務資格的商業銀行、中國證券登記結算有限責任公司以及具有託管業務資格的證券公司或者中國證監會認可的其他資產託管機構託管。託管人辦理白酒商品資產證券化產品的託管業務,應當履行的職責如表7-5所示。

表7-5 白酒商品資產證券化產品託管人主要職責

職責類別	託管人主要職責
保管權	安全保管專項計劃相關資產
監督權	監督管理人專項計劃的運作,發現管理人的管理指令違反計劃說明書或者託管協議約定的,應當要求改正;未能改正的,應當拒絕執行並及時向中國基金業協會報告,同時抄送對管理人有轄區監管權的中國證監會派出機構
披露權	出具資產託管報告、計劃說明書以及相關法律文件約定的其他事項

託管人應當在管理人披露資產管理報告的同時披露相應期間的託管報告。

7.3.5 資產服務機構

資產服務機構是指按照約定對白酒商品資產證券化產品的基礎資產進行管理的機構,一般由原始權益人充當。白酒商品資產證券化產品交易結構中設置的資產服務機構,應當具備管理基礎資產的資質、能力和經驗。白酒商品資產證券化產品管理人應當關注資產服務機構的持續服務能力,並設置後備服務機構替換機制。當原始權益人擔任資產服務機構時,應當明確其管理的其他自有資產與受託資產風險相互隔離的措施,以確保白酒商品資產證券化產品基礎資產營運的獨立性,防範原始權益人的道德風險以及與投資人可能存在的利益衝突。

7.3.6 信用評級機構

信用評級機構主要負責白酒商品資產證券化產品信用等級的確定和信用質量的提高。信用評級機構應當謹慎評估各項信用增級措施，為白酒商品資產證券化產品提供信用保護，並如實在信用評級報告中披露。在評級對象有效存續期間，信用評級機構應當於白酒商品資產證券化產品存續期內每年的 6 月 30 日前向合格投資者披露上年度的定期跟蹤評級報告，並應當及時披露不定期跟蹤評級報告。信用評級報告應由取得證券監管機構核准的證券市場資信評級業務資格的資信評級機構出具，報告內容應當包括但不限於表 7-6 的主要內容。

表 7-6　白酒商品資產證券化信用評級報告主要內容

披露事項類別	信用評級報告主要內容
評級基本觀點	白酒商品資產證券化產品評級基本觀點、評級意見及參考因素
基礎資產狀況	白酒商品資產證券化產品基礎資產池及入池資產概況、基礎資產信用風險分析
風險評估	白酒商品資產證券化產品特定原始權益人的信用風險分析及法律風險分析
交易結構分析	白酒商品資產證券化產品交易結構分析
交易主體分析	白酒商品資產證券化產品管理人、託管人等服務機構的履約能力分析
現金流分析	白酒商品資產證券化產品現金流分析及壓力測試
信用跟蹤評級	白酒商品資產證券化產品信用跟蹤評級安排

7.3.7 信用增級機構

當市場上白酒商品資產證券化產品的原始權益人主體信用級別不高時，其發行的白酒商品資產證券化產品的市場接受度也會較低。因此，信用增級成為白酒商品資產證券化業務的關鍵。信用增級可以提高白酒商品資產證券化產品債項的信用等級，降低其發行成本。原始權益人可以通過「內部」或者「外部」信用增級方式來提高白酒商品資產證券化產品的信用等級。經過信用增級後，同一發行人發行的白酒商品資產證券化產品可以劃分為不同種類，同一種類的白酒商品資產證券化產品享有同等權益，承擔同等風險。白酒商品資產證券化產品信用增級的主要方式如表 7-7 所示。

表 7-7　白酒商品資產證券化產品信用增級的主要方式

內部信用增級		外部信用增級	
主要方式	主要內容	主要方式	主要內容
優先級/次級結構安排	將白酒商品資產證券化產品按照受償順序分為不同檔次證券的一種內部信用增級方式。在這一分層結構中，較高檔次的證券比較低檔次的證券在本息支付上享有優先權，因此具有較高的信用評級；較低檔次的證券先於較高檔次的證券承擔損失，以此為較高檔次的證券提供信用保護	差額支付（也稱「差額補足」）	差額支付義務人（通常為原始權益人）承諾，當基礎資產實際的現金流無法覆蓋正常兌付資產支持證券所需現金時，由原始權益人負責補齊差額部分，以此增加白酒商品資產證券化產品的信用等級
超額抵押（也稱「基礎資產超值入池」）	將資產池價值超過白酒商品資產證券化產品票面價值的差額作為信用保護的一種內部信用增級方式。該差用於彌補白酒商品資產證券化業務中可能產生的損失	第三方擔保	由原始權益人之外的第三方（如擔保公司、原始權益人母公司或其他第三方）為資產支持證券提供擔保，當出現不能按期兌付資產支持證券的本息時，由第三方承擔擔保責任，以保證資產支持證券的按期兌付
利差帳戶	設置專門的利差帳戶，該帳戶資金來源於基礎資產的利息收入和其他證券化交易收入減去資產支持證券利息支出和其他證券化交易費用之後所形成的超額利差，用於彌補資產證券化業務活動中可能產生的損失	信用保險（也稱「資產池保險」）	由特殊目的載體作為信用保險的投保人根據基礎資產池中需要填補的信用風險金額，向保險公司投保並支付保險費，由保險公司對該等信用風險提供保險，以確保按時對資產支持證券的投資者進行償付
現金抵押帳戶	設置專門的現金抵押帳戶，該帳戶資金由發起機構提供或者來源於其他金融機構的貸款，用於彌補資產證券化業務活動中可能產生的損失	流動性支持	在資產支持證券存續期間，當基礎資產產生的現金流與資產支持證券本息支付時間無法一致時（即發生臨時資金流動性不足），發起人或第三方提供流動性支持，該流動性支持只為未來收入代墊款項，並不承擔信用風險

實踐中，白酒商品資產證券化產品的資產管理人以及銷售機構，應當如實向投資人披露白酒商品資產證券化產品的信用增級安排。在產品銷售過程中，資產管理人以及銷售機構也不得誇大白酒商品資產證券化產品的信用增級效果，並以此來誤導投資者。

7.3.8 律師事務所

與一般的資產證券化產品類似，白酒商品資產證券化產品的管理人應當聘請律師事務所對產品的有關法律事宜發表專業意見，並向合格投資者披露法律意見書，其主要包括但不限於表 7-8 的主要內容。

表 7-8　律師事務所披露白酒商品資產證券化產品的主要內容

披露事項類別	披露事項主要內容
交易主體分析	分析管理人、銷售機構、託管人等服務機構的資質及權限
法律文件合規性分析	分析產品說明書、資產轉讓協議、託管協議、認購協議等法律文件的合規性
基礎資產合規性分析	分析基礎資產的真實性、合法性、權利歸屬及其負擔情況
轉讓行為合規性分析	分析基礎資產轉讓行為的合法性、有效性
風險隔離效果分析	分析基礎資產風險隔離的效果
循環購買合規性分析	分析循環購買（如有）安排的合法性、有效性
信用增級合規性分析	分析白酒商品資產證券化產品信用增級安排的合法性、有效性
其他重大事項合規性分析	出具對有可能影響白酒商品資產證券化產品投資者利益的其他重大事項的意見

7.3.9 投資者

參照《證券公司及基金管理公司子公司資產證券化業務管理規定》第二十八條的規定：「資產支持證券是投資者享有專項計劃權益的證明，可以依法繼承、交易、轉讓或出質。資產支持證券投資者不得主張分割專項計劃資產，不得要求專項計劃回購資產支持證券。」從這點來看，資產證券化產品的投資者也應定義為權益性投資者。其持有的資產證券化產品份額可以依法在二級市場上進行交易。這裡監管機構規定「投資者不得要求專項計劃回購資產支持證

券」，是為了將股權性質的投資與債權性質的投資區分開來。

至於投資者能否要求資產證券化產品發行人回購其持有的資產證券化產品份額，目前仍然是值得業界探討的話題。筆者認為，在白酒商品資產證券化產品發展的初期，為了促進資產證券化產品市場的快速發展，監管機構可以考慮允許發行人回購白酒商品資產證券化產品。

此外，考慮到目前中國投資者受金融教育程度普遍較低，以及目前金融市場產品設計的慣例，白酒商品資產證券化產品的投資者應主要限定為機構投資者，這些投資者應享有如表 7-9 所示的主要權利。

表 7-9　白酒商品資產證券化產品投資者的主要權利

主要權利類別	主要權利內容
收益分享權	分享白酒商品資產證券化產品的衍生收益
剩餘資產分配權	按照認購協議及產品募集說明書約定參與分配清算後的白酒商品資產證券化產品的剩餘資產
信息知曉權	按規定或約定的時間和方式獲得白酒商品資產證券化產品的資產管理報告等信息披露文件，查閱或者複製相關信息資料
回購權	根據證券交易場所相關規則，通過回購方式利用白酒商品資產證券化產品進行融資等
處置權	依法以交易、轉讓或質押等方式處置白酒商品資產證券化產品

7.4　標準型白酒商品資產證券化產品的發行

標準型白酒商品資產證券化產品的發行過程，實質上是一個實現白酒商品資產重組、優化和隔離風險的過程，其具體應包括五個主要流程。

7.4.1　構建基礎資產池

甄選適宜的白酒商品資產證券化基礎資產首先需要構建基礎資產池，這是白酒商品資產證券化的第一步。根據《證券公司及基金管理公司子公司資產證券化業務管理規定》對「基礎資產」的解釋（見表 7-10），我們認為白酒商品資產證券化的基礎資產主要包括白酒生產企業已經加工生產完畢可實現市場銷售，並

進行庫存的白酒商品資產；或者是白酒流通企業已經獲得財產權利但並未完成銷售的白酒商品資產。總體來看，基礎資產至少應滿足表7-11所列條件；同時，對於白酒生產或流通企業而言，其已經完成白酒商品的銷售，但貨款並未真正入帳而形成的「應收帳款」，也可以作為白酒商品資產證券化的基礎資產。

表7-10 《證券公司及基金管理公司子公司資產證券化業務管理規定》對「基礎資產」的解釋

條款	內容
第三條	本規定所稱基礎資產，是指符合法律法規規定，權屬明確，可以產生獨立、可預測的現金流且可特定化的財產權利或者財產。基礎資產可以是單項財產權利或者財產，也可以是多項財產權利或者財產構成的資產組合。前款規定的財產權利或者財產，其交易基礎應當真實，交易對價應當公允，現金流應當持續、穩定。基礎資產可以是企業應收款、租賃債權、信貸資產、信託受益權等財產權利，基礎設施、商業物業等不動產財產或不動產收益權，以及中國證監會認可的其他財產或財產權利
第二十四條	基礎資產不得附帶抵押、質押等擔保負擔或者其他權利限制，但通過專項計劃相關安排，在原始權益人向專項計劃轉移基礎資產時能夠解除相關擔保負擔和其他權利限制的除外
第二十五條	以基礎資產產生現金流循環購買新的同類基礎資產方式組成專項計劃資產的，專項計劃的法律文件應當明確說明基礎資產的購買條件、購買規模、流動性風險以及風險控制措施

表7-11 白酒商品資產證券化基礎資產應滿足的條件

特徵	主要內容
權屬明確	當白酒商品資產證券化的基礎資產出售給特殊目的載體之後，特殊目的載體享有該基礎資產的處置權，原始權益人對基礎資產不再享有所有權
收益穩定	可以產生獨立的、可預測的、持續的、穩定的現金流
收益真實	基礎資產產生的現金流應當真實，交易對價應當公允
可特定化	可以歸屬於某一種類，債權或者收益權
負面禁止	不屬於中國基金業協會發布的基礎資產負面清單列明的範疇

除以上基本要求，白酒商品資產證券化構建基礎資產池時，還需要考慮基礎資產所產生現金流的總體預期期限、金額規模、風險水準等多方面因素，對白酒商品基礎資產進行科學合理的組合。實踐中，白酒商品資產證券化成功的關鍵在於基礎資產的收益穩定而且真實。這也是確保這一市場得以可持續發展

的基礎。為此，白酒商品資產證券化基礎資產的選擇應該主要滿足以下要求：

第一，白酒商品資產證券化的基礎資產往往歸屬於一定的白酒商品生產企業。具有較高品牌知名度的白酒商品生產或者流通企業，提供的基礎資產產生的現金流往往會比較穩定且真實。

第二，由於白酒商品資產證券化基礎資產產生的現金流往往與其生產儲藏的年份相關，而基礎資產生產儲藏年份的鑒定具有一定的專業性。因此，必須由權威的、具有公信力的白酒產品質量檢驗機構、公證機構，對基礎資產的品質、年份進行嚴格的檢驗，並出具具有權威公信力的產品質量檢驗報告。

7.4.2 對基礎資產及原始權益人的法律盡職調查及財務盡職調查

白酒商品資產證券化的基礎資產範圍確定以後，通常應由律師事務所對基礎資產及原始權益人進行法律盡職調查，甄別和評估基礎資產的相關法律風險。這種法律風險主要是指基礎資產的產權歸屬不清晰問題。然後，由會計師事務所進行相關的財務盡職調查，甄別和評估白酒商品資產證券化基礎資產相關的財務風險。這種財務風險主要涉及基礎資產轉移過程中資金的流向與記帳處理規則問題。

7.4.3 證券公司或基金管理公司發起設立資產支持專項計劃

白酒商品資產證券化需要由證券公司或基金管理公司擔任管理人，發起設立資產支持專項計劃。專項計劃的關鍵是需要設計專門為白酒商品資產證券化業務設立的特殊目的載體。特殊目的載體將按照與原始權益人的約定受讓基礎資產，獲得基礎資產所有權並對基礎資產進行管理、運用和處分，所得收益歸屬於專項計劃，用於向白酒商品資產證券化投資者進行收益分配。

證券公司或基金管理子公司作為專項計劃管理人，對白酒商品資產證券化的基礎資產自行或委託第三方服務機構進行管理、運用和處分，所得收益用於向證券持有人進行分配。

7.4.4 白酒商品資產證券化基礎資產的轉讓

「真實出售」是資產證券化交易中基礎資產轉讓的核心設計要點。在白酒商品資產證券化產品的發行過程中，原始權益人也需要將基礎資產真實出售轉讓給特殊目的載體。這是由於原始權益人本身存在因經營不善而導致破產的風險。同時，由於白酒商品資產證券化產品發起人普遍存在基礎資產集中度高、

風險分散度低的問題，投資者購買白酒商品資產證券化產品面臨著一定的風險。白酒商品資產證券化過程中管理人通常會設置具備特殊功能的特殊目的載體，原始權益人則通過特定交易市場將白酒商品資產證券化的基礎資產真實出售給特殊目的載體。此時，當原始權益人因經營不善而面臨破產清算風險時，轉移給特殊目的載體的基礎資產不會列入原始權益人資產清算範圍內，從而也有效地保護了投資者利益。

7.4.5　白酒商品資產證券化的信用評級與信用增級

為了幫助投資人有效判斷資產證券化產品潛在的風險收益，資產證券化需要信用評級機構的參與。作為資產證券化發行過程中的重要環節，信用評級將資產證券化市場中的諸多環節和要點串聯起來，主要包括法律法規、市場參與主體、基礎資產、增信措施、利差收益和二級市場。

信用評級在資產證券化立項之時就參與其中，對資產證券化目標評級標準所需的信用增級需求進行量化測算，最終保證資產證券化產品達到市場發行要求。而評級的完整可靠性，主要體現在其對產品結構及信用增級、基礎資產及其現金流、參與主體、法律合規的綜合考量。

與常規債券評級不同，評級機構從立項之初就深度參與資產證券化產品的創設過程，並且在基礎資產池的選擇、分層、信用增級等過程中給予其重要的幫助。信用評級作為信息披露的重要主體，向投資人揭示資產證券化產品的信用風險，保證產品的順利發行；同時，也幫助包括發起人在內的參與證券化的各方機構，認知資產證券化產品面臨的各類風險。

目前中國銀監體系監管的信貸資產證券化實施雙評級機制，所有產品均需由中債資信評級，同時需另一家賣方付費的評級機構出具評級報告。證監體系監管的企業資產證券化則實施單一評級機制。如圖7-2所示，資產證券化信用評級的一般流程主要包括6個環節。

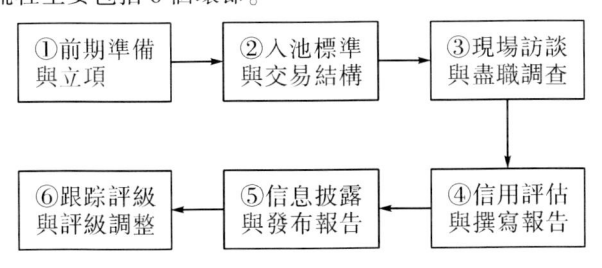

圖7-2　白酒商品資產證券化信用評級流程

投資者要準確地判斷白酒商品資產證券化交易的信用風險，往往需要精深的專業知識與豐富的務實經驗。而大多數投資者不具備這一條件，這時投資者需要借助專業機構的分析工具進行分析和決策。而信用評級正好解決了這一問題。同時，為了有效降低白酒商品資產證券化產品的發行成本，以及促進產品的順利銷售，擴大產品的銷售規模，原始權益人有必要對白酒商品資產證券化產品進行信用評級與信用增級。白酒商品資產證券化產品信用評級的主要目的是幫助投資人整體把握產品本身及其潛在的信用風險。由於白酒商品資產證券化產品的信用風險源於產品交易結構的複雜性，以及基礎資產現金流本身所隱含的複雜信用風險，白酒商品資產證券化的原始權益人可以採用內部信用增級與外部信用增級兩種方式對產品進行信用增級。實踐中，白酒商品資產證券化中較為常用的內部信用增級方式，是原始權益人通過優先/次級結構安排的方式對白酒商品資產證券化產品的優先級資產支持證券進行信用增級；而較為常用的外部信用增級方式主要是，由白酒商品資產證券化的原始權益人之外的第三方，如擔保公司、原始權益人母公司或其他關聯第三方，為白酒商品資產證券化產品提供擔保，當該產品出現不能按期兌付本息情況時，則由第三方承擔擔保責任，以保證白酒商品資產證券化產品的按期兌付。

7.5 白酒商品資產證券化產品的交易

7.5.1 資產證券化產品交易機制的不足

首先，目前中國的資產證券化產品交易機制與市場需求還存在較大差距。一方面，目前中國中小企業數量較大，具有強烈的融資需求，而且這些企業總體上擁有數量可觀的各類可產生現金流的優質資產。另一方面，由於目前資產證券化的交易成本過高，無法滿足中小企業的融資需求。因此，真正可以通過資產證券化渠道獲得融資的中小企業只占極少數，市場亟待可利用的金融創新渠道盤活中小企業資產存量。

其次，目前資產證券化產品交易機制與市場穩健運行的要求還存在一定差距。這主要表現在以下三個方面：

第一，目前資產證券化產品的市場交易機制並不完善，還存在較多風險發生、傳導和放大的渠道。以信貸資產證券化交易結構為例，作為發起人，商業

銀行將信貸資產轉移給信託公司，再由信託公司發行資產支持證券。在這一過程中，信託公司為了獲得高額收益，可能採用大幅增加槓桿效應的結構化投資交易機制，加之相關產品在不同銀行間相互持有，還可能帶來風險在體系內的擴散。

第二，由於只有銀行瞭解自身信貸資產的真實風險狀況，理論上其有較強動機將劣質資產進行證券化，如果評級體系不夠成熟，各銀行均「以劣換好」將不良信貸資產包裝上市，金融體系整體的資產結構將會惡化，系統性風險會進一步上升。

第三，對於所有資產證券化產品，在發展過程中如果實現資產證券在二級市場公開交易，也有可能引發上市後的熱炒，可能會對投資者利益造成影響。儘管當前銀監會、證監會和保監會各自均針對相關市場出抬了監管方法，但上述風險問題並未得到有效解決，並且不同市場之間的監管協同機制還未得到充分體現。

最後，目前法律制度和信息披露制度對資產證券化的保障程度並不充分。例如，資產證券化交易結構中規定必須實現基礎資產的隔離，但現實中由於缺乏有力的保障措施，僅對於一般債權類資產可實現真實銷售，做到破產隔離，對於收益權類資產，由於相關收益還依賴於原始權益人的經營狀況，因而難以實現與原始權益人完全獨立。

7.5.2　白酒商品資產證券化產品的交易機制

資產證券化市場也分為一級市場和二級市場。在一級市場中，發行人將新發行的資產支持證券出售給投資者；投資者在二級市場通過交易櫃臺可以對已發行的資產支持證券進行交易。一級市場與二級市場二者具有共生性，一個活躍的二級市場對於一個運作良好的一級市場而言是不可缺少的條件。

一個完善的資產證券化市場，離不開二級市場的交易，更離不開完善的資產證券化定價機制。金融產品的合理定價是市場有效健康發展的核心議題，統一有效的定價機制可以引導和加速中國證券化市場的標準化進程，同時也是促進中國證券化二級市場流通的必要條件。

資產證券化這一在發達國家金融市場中孕育出來的重要金融工具是外部制度環境優化和金融機構創新的共同結果，這也要求中國不同資產證券化市場需要在產品交易機制上實現更多的調整和創新。

美國成熟的資產證券化市場，對中國證券化市場的發展具有一定的借鑑意義。美國證券化二級市場比較活躍，交易量大，產品價格由買賣雙方共同確定，定價參考的因素有近期交易數據、產品歷史表現、基礎資產質量以及加權平均剩餘期限等；雙方會根據當前的情況，折價或溢價出售證券。這裡，價格由預期現金流按照收益率曲線貼現確定，而收益率曲線通過基準利率曲線加證券化二級市場的利差而得；需要注意的是，二級市場的產品定價基於量化再評級而不是公開評級，所以對於二級市場而言，產品定價需要信息的及時披露。在證券化一級市場，定價團隊連同銷售人員與投資者廣泛交流以獲取投資意向和需求的相關信息，根據投資者反饋和市場情況確定參考價格區間，定價團隊會尋求一個均衡合理的利差，使得各級證券可以獲得足夠的認購量，同時也避免發行人融資成本過高。

7.5.3　白酒商品資產證券化產品的信息披露

信息披露制度亦稱「信息公開制度」。完善信息披露制度既是實施金融市場事前監管的主要內容，也是降低金融市場風險監管成本的重要措施。當今世界信息披露制度最完善、最成熟的立法在美國。美國關於信息披露的要求源於1911年堪薩斯州的「藍天法」。1929年華爾街證券市場的非法投機、詐欺與操縱行為，促使了美國聯邦政府「證券法」（1933年）和「證券交易法」（1934年）的頒布。在「證券法」（1933年）中美國首次規定實行財務公開制度，這被認為是世界上最早的信息披露制度。2010年7月21日，美國政府在汲取次貸危機教訓的基礎上，由時任總統奧巴馬簽署生效了《多德-弗蘭克華爾街改革和消費者保護法》，明確了應將資產證券化基礎資產的信息披露納入金融監管的重點。

隨著中國資產證券化市場的迅速發展，資產證券化監管規則進一步完善，信息披露制度框架也基本建成。近年來，中國監管機構圍繞兩類資產證券化產品（信貸資產證券化產品與企業資產證券化產品），建立了適合中國基本國情的資產證券化信息披露制度。其中，較為重要的法規有四部。一是2005年6月中國人民銀行發布的《資產支持證券信息披露規則》，該規則對資產支持證券受託機構信息披露的標準和時間做出了細化規定，並允許引入互聯網作為受託機構對外披露信息的媒介。二是2013年3月15日中國證券監督管理委員會公告〔2013〕16號公布的《證券公司資產證券化業務管理規定》，該規定第三

十六條規定「管理人、託管人應當自每個會計年度結束之日起 3 個月內，向資產支持證券投資者披露年度資產管理報告、年度託管報告。每次收益分配前，管理人應當向資產支持證券投資者進行信息披露。年度資產管理報告、年度託管報告應當由管理人報住所地中國證監會派出機構備案」。三是 2014 年 11 月 19 日證監會頒布的《證券公司及基金管理公司子公司資產證券化業務信息披露指引》，該指引進一步明確了企業資產證券化信息披露的要求，在整體框架、會計法律意見的披露、發行期、存續期披露等方面具有相似的特性，對規範推進證券化發展、規範證券化市場都有著重要而積極的意義。四是 2015 年 3 月 26 日中國人民銀行發布的《關於信貸資產支持證券發行管理有關事宜的公告》，該公告不僅標誌著信貸資產支持證券「銀監會備案+央行註冊」模式正式確立，也對信貸資產證券化信息披露工作提出了新要求。目前關於資產證券化產品信息披露的主要法規文件見表 7-12。

表 7-12　目前關於資產證券化產品信息披露的主要法規文件

信貸資產證券化產品信息披露依據的主要法規文件		企業資產證券化產品信息披露依據的主要法規文件	
法規名稱	頒布機構與時間	法規名稱	頒布機構與時間
《信貸資產證券化試點管理辦法》	中國人民銀行、中國銀行業監督管理委員會（2005 年 4 月 20 日）	《證券公司企業資產證券化業務試點指引（試行）》	中國證券監督管理委員會（2009 年 5 月 21 日）
《資產支持證券信息披露規則》	中國人民銀行（2005 年 6 月 13 日）	《證券公司及基金管理公司子公司資產證券化業務信息披露指引》	中國證券監督管理委員會（2014 年 11 月 19 日）
《關於信貸資產證券化基礎資產池信息披露有關事項的公告》（人民銀行公告〔2007〕第 16 號）	中國人民銀行（2007 年 8 月 21 日）	《上海證券交易所資產證券化業務指引》	上海證券交易所（2014 年 11 月 26 日）
《關於信貸資產證券化備案登記工作流程的通知》	中國銀行業監督管理委員會（2014 年 11 月 20 日）	《深圳證券交易所資產證券化業務指引（2014 年修訂）》	深圳證券交易所（2014 年 11 月 25 日）

表7-12(續)

信貸資產證券化產品信息披露依據的主要法規文件		企業資產證券化產品信息披露依據的主要法規文件	
法規名稱	頒布機構與時間	法規名稱	頒布機構與時間
《個人住房抵押貸款資產支持證券信息披露指引（試行）》	中國銀行間市場交易商協會（2015年5月15日）	《深圳證券交易所資產證券化業務信息披露格式》	深圳證券交易所固定收益部（2015年3月10日）
《個人汽車貸款資產支持證券信息披露指引（試行）》	中國銀行間市場交易商協會（2015年5月15日）		
《棚戶區改造項目貸款資產支持證券信息披露指引（試行）》	中國銀行間市場交易商協會（2015年8月3日）		
《個人消費貸款資產支持證券信息披露指引（試行）》	中國銀行間市場交易商協會（2015年9月30日）		

總體來看，信貸資產證券化披露注重對不同的產品特性分別制定對應的指引，並借助表格體系對信息披露做標準化的處理。而企業資產證券化披露除要求對不同基礎資產類型做針對性的披露外，還對循環購買結構等信息做了特別披露要求。同時，中國的資產證券化信息披露制度建設仍然存在諸多問題，主要包括信息披露監管體制不健全，信息披露與保密義務衝突，立法層級較低、內容分散，披露方式存在局限，主體責任制度不明確以及不實陳述的民事責任制度缺失，等等。

值得注意的是，現行的立法對違反信息披露行為做出的行政或刑事處罰也基本是援引其他法律進行規制，因此，資產證券化信息披露的民事責任制度基本處於立法空白狀態，不利於保護投資者。同時，目前資產證券化發行期和存續期的信息披露也存在很大差異。在當前比較粗放的披露模式下，發行期的信息披露比較完善，但對後續的存續期的信息披露還有待完善。

從投資者保護的角度來看，建立與完善白酒商品資產證券化產品全程信息披露制度具有重大意義。目前，大量資產證券化產品的基礎資產可能存在信用違約風險，並且已經存在基礎資產違約案例表明信用違約現象多發生在基礎資產的貸款償還過程中。因此，為有效保護投資者利益，白酒商品資產證券化過程需要監管者建立完善的信息披露制度；在後續的存續期管理方面，需要考慮

如何提升其信息披露的詳細程度。白酒商品資產證券化產品管理人及其他信息披露義務人也有履行信息披露和報送的義務。具體而言，白酒商品資產證券化中信息披露人及主要信息披露義務如表 7-13 所示。

表 7-13　白酒商品資產證券化中信息披露人及主要信息披露義務

信息披露人	信息披露義務
發起機構	①發起機構的規模、行業、股權、財務經營情況；②基礎資產的種類、質量、選擇標準、營運時間、平均壽命、現金流軌跡週期及方式、利率、到期日；③發起機構的合法性收入、可預見性、信用風險、歷史信用記錄、歷史評級情況、預期收益等，基礎資產的風險量化和模型化分析
特殊目的機構	①對機構章程、組織形式、股權結構、出資協議和驗資報告以及監管部門的批註等事項進行披露，使投資者瞭解其實力和資產支持證券發行的合法性；②對經驗範圍的限制進行披露，為了降低特殊目的機構的經營風險，特殊目的機構只能進行同資產證券化有關的業務活動；③債務限制，為實現破產隔離，特殊目的機構不對其他機構或個人承擔其他債務和擔保責任
信用支持機構	①白酒商品資產證券化業務計劃書、內外部信用提升方式及相關合同草案；②發行的白酒商品資產支持證券分檔情況、各檔次的本金數額、信用等級、票面利率、預計期限和本息償付優先順序、信用評級報告、影響債券按期償付的重大事件、風險預警等

白酒商品資產證券化信息披露的內容主要包括如下六個方面：①基礎資產的營運情況；②原始權益人、管理人和託管人等資產證券化業務參與人的履約情況；③特定原始權益人的經營情況；④專項計劃帳戶資金收支情況；⑤各檔次資產支持證券的本息兌付情況；⑥管理人以自有資金或者其管理的資產管理計劃、其他客戶資產、證券投資基金等認購資產支持證券的情況，需要對資產支持證券持有人報告的其他事項。

在白酒商品資產證券化產品發行前，需要披露發行說明書、評級報告、募集辦法、承銷團成員名單，如果是招標發行的，還需要披露招標報告等。白酒商品資產證券化產品發行結束後，需要披露其產品發行結果公告、交易流通要素公告；存續期間，需要披露貸款服務報告、資金保管報告、跟蹤評級報告、付息公告、受託機構公告和臨時性重大事件報告等。

其中，白酒商品資產證券化產品的資金募集說明書、評級報告、跟蹤評級報告、付息公告、受託機構報告和臨時性重大事件報告、貸款服務報告、資金保管報告等是信息披露的重點。從現有規則來看，如何將白酒商品資產證券化

產品基礎資產的經營報告和資金保管報告納入信息披露制度之內是值得研究的重點內容。

7.6 白酒商品資產證券化產品開發的意義

與發達國家成熟的資產證券化市場相比，中國的資產證券化市場尚處於起步階段。2005 年中國才正式開始資產證券化產品試點，2008 年全球金融危機後，中國監管機構出於對美國資產證券化市場發展經驗的借鑑，叫停了一段時間的資產證券化。2012 年，中國資產證券化市場重啓試點以來，一系列監管政策的放開又使資產證券化市場得以蓬勃發展。中國證券投資基金業協會公布的最新數據顯示，截至 2017 年 12 月 31 日，中國資產證券化總發行規模達 1.61 萬億元，較 2016 年年底累計規模增長 133.56%，存續規模 1.17 萬億元。中國已經成為亞洲最大的資產證券化市場。

在利率市場化穩步推進的大背景下，資產證券化有利於有效盤活經濟存量、拓寬企業融資途徑、提高經濟整體運行效率。因此，資產證券化也成為中國在經濟新常態下，緩解經濟增速下滑、緩釋金融機構與企業財務風險、提高直接融資比例，以及構建多層次資本市場的有效金融工具。從經濟學角度來看，一項金融創新之所以能被參與各方迅速接受，根本原因還在於其可以為資產證券化參與各方帶來收益，而這點對於白酒商品資產證券化也不例外。因此，本節將圍繞白酒商品資產證券化為各方帶來的收益探討白酒商品資產證券化產品開發的意義。

7.6.1 原始權益人的收益

7.6.1.1 提高原始權益人基礎資產的流動性

資產的流動性是指資產以合理的價格迅速變現的能力。在原始權益人的各類資產中，「現金」是流動性最強的資產，而「存貨」「應收帳款」等則是流動性較差的資產。從原始權益人的角度來看，資產證券化為其提供了將相對缺乏流動性的資產轉變成流動性高、可在資本市場上交易的金融商品的手段。

通過資產證券化，原始權益人能夠有效補充營運資金，用來進行其他的投資。例如，商業銀行利用資產證券化提高其資產流動性。一方面，對於流動性

較差的資產，通過證券化處理，將其轉化為可以在市場上交易的證券。在不增加負債的前提下，商業銀行可以多獲得一些資金來源，加快銀行資金週轉，提高資產流動性。另一方面，資產證券化也可以使銀行在流動性資金短缺時獲得除中央銀行再貸款、再貼現之外的救助手段，為整個金融體系注入新的流動性機制，提高金融市場整體流動性水準。

　　原始權益人是基礎資產的提供方，因此也成為白酒商品資產證券化中的核心交易主體。總體來看，白酒商品資產證券化可以提高原始權益人基礎資產的流動性，降低其流動性風險，最終提升原始權益人的經營管理效率和公司治理水準。通過白酒商品資產證券化業務，作為原始權益人的白酒生產或者流通企業可以將「應收帳款」等流動性較差的基礎資產出售給特殊目的載體，從而獲得現金對價，使「未來的現金流」轉換成「當前的現金流」，最終提高企業整體資產的流動性。

　　現實中，受市場競爭、財務數據增長壓力、盈利擴張需要等多種因素的影響，多數白酒生產或者流通企業採取了相對激進的銷售方式，如通過給予上下游客戶更為寬鬆的信用條件，延長銷售回款帳期等方式來擴大銷售收入。然而，這又將使白酒生產流通企業產生大量的「應收帳款」。這些「應收帳款」是白酒生產流通企業在其正常的經營過程中因銷售商品、產品、提供勞務等業務，應向購買單位收取的款項。其中也包括了應由購買單位負擔的稅金、代購買方墊付的各種運雜費等。

　　「應收帳款」是伴隨白酒生產流通企業的銷售行為發生形成的一項債權，它是白酒生產流通企業在銷售過程中被購買單位實際所占用的資金。白酒生產流通企業應及時收回應收帳款以彌補企業在生產經營過程中的各種耗費。否則，白酒生產流通企業將面臨一定程度的流動性風險。在「應收帳款」收回之前，白酒生產流通企業可能會存在較大的資金缺口。

　　萬得資訊數據顯示，除貴州茅臺外，2015—2017 年中國白酒上市公司的應收帳款規模都非常大（見表 7-14）。對於多數白酒上市公司而言，其應收帳款增長速度一直高於收入增長速度。因此，白酒商品資產證券化，有助於白酒上市公司加快資金週轉速度，緩解其流動性壓力。同時，白酒商品資產證券化，也可以倒逼白酒生產流通企業加強對產品的市場開發力度，以及形成對「應收帳款」的催收壓力，最終促進白酒生產流通企業逐步完善公司治理。

表 7-14　2015 年年底—2017 年年底中國白酒上市公司應收帳款與其他應收款

單位：萬元

白酒上市公司名稱	2015-12-31 應收帳款	2015-12-31 收入	2016-12-31 應收帳款	2016-12-31 收入	2017-12-31 應收帳款	2017-12-31 收入
五糧液	10,695.30	2,165,928.74	10,770.28	2,454,379.27	10,956.95	3,018,678.04
瀘州老窖	1,222.63	690,019.79	389.87	862,669.65	800.89	1,039,486.75
水井坊	839.56	85,486.72	1,729.15	117,637.41	8,181.15	204,838.04
貴州茅臺	23.08	3,344,685.90	—	4,015,508.44	—	6,106,275.69
口子窖	1,554.86	258,401.25	1,733.97	283,017.87	1,202.56	360,264.72
洋河股份	645.55	1,605,244.41	1,082.42	1,718,310.96	848.54	1,991,794.22

數據來源：各家上市公司年報。

7.6.1.2　拓寬原始權益人的融資渠道

融資渠道，指企業發展的資金來源方式，主要包括內源融資和外源融資兩個渠道。

內源融資主要是指企業的自有資金和在生產經營過程中的資金累積部分，是從企業內部開闢的資金來源，主要包括三個方面：企業自有資金、企業應付稅利和利息、企業未使用或未分配的專項基金。企業使用內源融資方式具有保密性好，不必向外支付借款成本的優點，因而風險很小，但資金來源數額與企業利潤有關。

外源融資是指企業從外部所開闢的資金來源，主要包括：專業銀行信貸資金、非銀行金融機構資金、其他企業資金、民間資金和外資等。企業外源融資具有速度快、彈性大、資金量大的優點，因此也是企業併購過程中籌集資金的主要來源。但其缺點是保密性差，需要負擔高額成本，容易產生較高的融資風險。根據企業外部資金的來源，外源融資主要可以劃分為直接融資和間接融資兩類方式。直接融資和間接融資的區別主要在於是否存在融資仲介。直接融資即企業直接從市場或投資方獲取資金，而間接融資是指企業的融資是通過銀行或非銀行金融機構渠道獲取的。

隨著技術的進步和生產規模的擴大，單純依靠內源融資已經很難滿足企業的資金需求。外源融資已經成為企業獲取資金的重要方式。外源融資又可分為債權融資和股權融資。

白酒生產流通企業發行白酒商品資產證券化產品屬於外源融資中的債權融資。與白酒生產流通企業傳統融資方式，如銀行貸款，發行股票、債券相比，

白酒生產流通企業發行白酒商品資產證券化產品有效拓寬了其融資渠道。這一融資渠道的優勢具體表現在融資規模、信息披露以及企業的資源消耗等方面（見表7-15）。

表7-15　白酒商品資產證券化與傳統融資方式的對比

對比內容	白酒商品資產證券化產品	銀行貸款	股票	債券
融資規模	融資規模可以突破傳統融資工具受制於淨資產40%的限制，融資額度大小主要取決於基礎資產未來可產生現金流大小	信貸規模一般受企業存貸比例限制，部分行業貸款會被銀行限制	時間跨度長，無法滿足企業短期融資需求且融資成本較高	規模一般不能超過企業淨資產規模的40%
信息披露	①信息披露要求較低；②發行人只需披露與基礎資產相關的信息，而對於企業自身的信息則披露有限；③最大限度上保護了企業的經營安全	①需要向投資者披露企業大量信息；②信息披露可能會洩露給第三方甚至市場競爭對手，從而對企業的經營帶來不利影響	①需要向投資者披露企業大量信息；②信息披露可能會洩露給第三方甚至市場競爭對手，從而對企業的經營帶來不利影響	①需要向投資者披露企業大量信息；②信息披露可能會洩露給第三方甚至市場競爭對手，從而對企業的經營帶來不利影響
公司控制權	不導致公司控制權分散	不導致公司控制權分散	會導致公司控制權分散	不導致公司控制權分散
財務影響	資產負債率不會變化，現金流增加	資產負債率增加	資產負債率不增加，發售新股可能導致股價下跌	資產負債率增加
資源消耗	標準化產品，需要企業投入的資源有限	非標準化產品，需要企業投入的精力多	標準化產品，需要企業投入的資源較多	標準化產品，需要企業投入的資源有限

7.6.1.3　提高原始權益人的負債能力

資產證券化為原始權益人提供了更為靈活的財務管理模式，它可以使原始權益人更好地進行資產負債管理，取得精確、有效的資產與負債的匹配組合。以商業銀行為例，「短借長貸」的特點使商業銀行不可避免地承擔了資產負債期限不匹配的風險。通過信貸資產證券化，商業銀行可以出售部分期限較長、流動性較差的資產，將所得投資於高流動性的金融資產；也可以將通過長期貸款獲得的短期資金來源，置換為通過發行債券獲得的長期資金來源，從而實現風險的合理配置，改善銀行的資產負債管理。

白酒生產流通企業在日常生產經營活動過程中，其資產主要由負債所形

成。這是由白酒生產流通企業的經營特徵決定的。以醬香型白酒生產為例，其生產週期一般長達一年，採用高溫制曲，二次投料，堆積發酵的「12987」工藝，基酒生產歷經端午制曲、重陽下沙、1 年生產週期，2 次投料、9 次蒸煮、8 次發酵、7 次取酒的過程。基酒出廠至少需要存放 5 年，最終的醬香成品酒形成還需要經過調酒這個過程，調酒師會用年份很老的醬香基酒（一般 15 年以上）和新基酒進行勾兌。濃香型白酒存放時間比醬香型白酒短，但是一般而言也需要存放 3 年左右才能上市銷售。

對於白酒流通企業而言，大量的庫存成本和採購、物流開支造成其整體負債率偏高。《中國商報》數據顯示，酒類流通企業的負債率普遍偏高，截至 2017 年 6 月底，中國著名酒類流通企業 1919 集團的資產負債率水準為 82.51%，較 2016 年同期（81.91%）仍然略有提升。1919 集團 2017 年上半年經營活動產生的現金流為 −2,490.7 萬元，2016 年同期為 773.2 萬元。酒類流通企業名品世家 2017 年上半年經營活動產生的現金流為 −3,585.4 萬元，2016 年同期為 −4,113.9 萬元。現金流不足問題已經成為制約白酒流通企業長期發展的關鍵因素。

資產負債率是反應企業財務狀況的最重要的財務指標之一。而在白酒商品資產證券化過程中，白酒生產流通企業資產性質的轉換可以影響企業的資產負債率。作為資產證券化產品的發行人，白酒生產流通企業可以通過向特殊目的載體真實出售部分流動性較差的存量資產，來降低資產負債表中的資產負債率。

當基礎資產實現了真實出售，白酒生產流通企業出售基礎資產所獲得的對價將進入其現金流量表的「收入」科目欄，而已出售的基礎資產將從資產負債表的「資產」欄中被剔除。同時，白酒生產流通企業獲得現金收入的增加部分可以用來償還部分負債，從而能夠顯著降低企業的資產負債率。因此，與部分會增大企業資產總量的其他負債融資方式相比，資產證券化可以視為白酒生產流通企業通過表外融資的方式降低了負債風險。

總之，白酒生產流通企業發行白酒商品資產證券化產品，是一種有效的資產負債管理手段，可以顯著提高企業負債管理能力，改善企業財務結構。

7.6.1.4　降低原始權益人的融資成本

首先，白酒生產流通企業發行白酒商品資產證券化產品既屬於一種債權融資方式，也屬於一種直接融資方式。對於直接融資方式而言，向社會發行債券

和股票屬於直接融資，避開了中間商的利息支出。對於債權融資方式而言，債券利息可以作為財務費用，即企業成本的一部分而在稅前沖抵利潤，從而減少企業所得稅的稅基規模。按照目前稅法的規定，在企業的股權融資方式中，股息的分配應在企業完稅後進行，股利支付沒有費用衝減問題，這相對增加了納稅成本。所以在一般情況下，企業以發行普通股票方式籌資所承受的稅負，重於向社會發行債券所承擔的稅負。

其次，相對於傳統融資方式而言，原始權益人可以根據發行白酒商品資產證券化產品時的市場情況，自主靈活地選擇票面利率、債券期限以及本息償付方式，可以有效降低融資成本。

再次，與發行公司債等直接融資方式相比，原始權益人發行白酒商品資產證券化產品募集資金使用用途的限制較少。白酒生產流通企業對於募集資金有較為充分的自主支配權，既可以運用於企業日常生產經營，又可以用於資本項目開支。

最後，由於信用增級等機制的存在，白酒商品資產證券化產品優先級的信用評級一般會高於融資主體的評級，從而可以有效降低白酒商品資產證券化產品發行人的融資成本。

7.6.1.5 優化原始權益人財務報表

總體來看，白酒商品資產證券化可以在一定程度上幫助白酒生產流通企業優化財務指標，改善財務狀況，使企業的償債能力及營運能力都有相應的提升，具有正向的財務效應。

首先，這是因為在傳統的債權融資和股權融資模式下，企業的管理成本和破產成本都比較高，而在引入資產證券化這種新的融資工具後，這兩種成本都會在一定程度上得到降低。對於原始權益人而言，白酒商品資產證券化將被證券化的基礎資產從總資產中「剝離」出去，既減少了管理者對其未來現金流的監督成本，也降低了職業經理人可能控制或浪費這些資產現金流的可能性，從而降低了原始權益人現金流的代理成本。

其次，在中國現有的融資機制下，企業資本結構不合理的現狀難以得到改善，企業的資產負債率也一直居高不下，還有相當一部分企業面臨融資難、融資貴的困境。這也給企業的發展帶來了較大的風險，一旦經濟出現較大的波動，企業就會面臨較大的償債或流動性風險。白酒商品資產證券化通過將白酒生產流通企業部分債權資產出售的方式，將風險資產從資產負債表中剔除出

去，在提高白酒生產流通企業流動性的同時降低其資產負債率。這不僅可以減輕白酒生產流通企業在債務利息方面的負擔，而且可以降低其經營和財務風險。

最後，白酒商品資產證券化在未來能夠為白酒生產流通企業帶來穩定現金流量的單項或多樣資產，通過重組資產要素，使得資產結構、信用、風險及收益等優化整合。這也有助於白酒生產流通企業改善各種財務比率，提高資本的運用效率，滿足監管機構對風險資本指標監管的要求。

白酒商品資產證券化對原始權益人財務報表的影響如表7-16所示。

表7-16　白酒商品資產證券化對原始權益人財務報表的影響

影響項目	影響指標	影響過程描述
財務償債能力	流動比率和速動比率	資產證券化恰恰是通過將企業批量的、流動性差的、非市場化的資產形成一個資產池，經信用增級後證券化轉化成一次性的、大額的現金流，這樣就把流動性差的存量資產轉化成為現金資產，大大提高了企業資產的流動性，並且這個過程不會引起企業流動負債的增加，反而使現金流增加，流動資產隨之增加，從而使得流動比率和速動比率增大，降低了企業短期無法償債的風險
負債能力	資產負債率	通過向特殊目的載體出售部分流動性差的存量資產，企業資產負債表中資產負債率會降低，而這部分資產並不會組成企業負債，在降低資金風險的同時，實現了表外融資。與部分會增大企業資產總量的融資方式相比，資產證券化的結果是企業資產總量保持不變，現金資產的增加還可以償還部分負債，從而降低了企業的資產負債率，改善了企業財務結構
收益能力	權益淨利潤率	企業將資產證券化籌集來的資金用於償還帶息債務會同時縮減資產負債表的資產和負債規模，那麼財務槓桿的降低幅度會低於資產週轉率增加的幅度，使得企業的權益淨利率和資產利潤率都會增加

因此，作為有別於傳統的向銀行借貸融資，或在資本市場上發行證券籌集資金的另一種融資方式，白酒商品資產證券化既可以滿足白酒生產流通企業盤活資產用以融資的需求，又可以滿足其優化財務報表，提升財務營運能力的目的。

7.6.2 投資者的收益

如前所述，白酒商品資產證券化產品的本質是一種收益型債券，能夠為投資者帶來的收益主要有兩部分：一是基本收益，即投資者投資購買白酒商品資產證券化產品，並持有到期獲得的收益；二是資本價差收益，即投資者投資持有白酒商品資產證券化產品時的現期價格相對於初始購入價格的變化。

同時，任何金融產品在市場發展初期，為了達到吸引投資者的目的，一般會呈現出低風險、高回報的特性。白酒商品資產證券化產品也不例外，以2010年6月中國工商銀行與瀘州老窖股份有限公司共同推出的「中國首款世博概念金融理財產品——中國工商銀行·瀘州老窖特曲絕版老酒」為例，在試點階段由於基礎資產的違約概率相對較低，加之原始權益人瀘州老窖的信用資質良好，而且通過結構化的產品設計保障了優先級投資人的收益，該款白酒商品資產證券化產品的風險較低。為了吸引投資者，相較於同信用級別的中期票據或企業債而言，該款白酒商品資產證券化產品還為投資者提供了較高的投資收益。

7.6.3 整個金融市場的收益

白酒商品資產證券化將白酒商品的生產、交易與資本市場巧妙地結合起來，對於促進中國金融市場發展具有重要意義。具體而言，白酒商品資產證券化有助於完善金融市場的四大基礎功能：融資功能、調節功能、避險功能、信號功能。

作為一種創新型金融產品，白酒商品資產證券化產品為廣大投資者提供了參與白酒商品經營的機會，豐富了投資者的投資渠道。與之對應的是，白酒商品資產證券化也為作為籌資人的白酒商品生產銷售企業開闢了更廣闊的融資途徑。同時，白酒商品資產證券化還擴大了資金供求雙方接觸的機會，便利了彼此之間的金融交易，降低了白酒商品生產銷售企業的融資成本，提高了社會閒散資金的使用效益。

白酒商品資產證券化的發展有助於降低整個金融市場的風險。這是因為白酒商品資產證券化產品成功發行的基礎，主要是實物商品白酒商品所帶來的穩定現金流，以及優質白酒商品生產企業的金融市場信用。因此，白酒商品資產證券化在促進個人儲蓄向商品投資轉型的過程中，也使金融市場上投資者的資

產配置更加多元化，風險也更加分散化；而當白酒商品生產企業在轉移證券化資產後，面臨破產清算風險時，白酒商品資產證券化的系列交易流程和規則也保護了投資人的利益。

　　與投資其他類型的金融產品相似，投資者投資白酒商品資產證券化產品也面臨風險。投資者面臨的主要風險來自發行人經營不善導致的風險。特別是，白酒商品資產證券化產品普遍存在基礎資產集中度高、風險分散度低的問題。當發行人經營不善導致企業破產清算時，投資者將面臨較大的風險。由於白酒商品資產證券化通常會設置具備特殊功能的特殊目的載體，發行人將白酒商品資產證券化的基礎資產轉移給特殊目的載體後，特殊目的載體則獲得基礎資產。而當發行人經營不善導致面臨破產清算風險時，這部分轉移給特殊目的載體的基礎資產也不會列入企業資產清算範圍內。因此，白酒商品資產證券化實現了發行人經營與白酒商品資產證券化業務本身之間的風險隔離，從而有效地保護了投資者的利益。

參考文獻

［1］胡雲祥.商業銀行理財產品性質與理財行為矛盾分析［J］.上海金融，2006（9）：72-74.

［2］李鵬.商業銀行人民幣理財產品中存在問題及對策分析［J］.金融理論與實踐，2007（9）：19-21.

［3］周敏慧.中國商業銀行人民幣理財產品收益率定價研究［D］.廈門：廈門大學，2018.

［4］曹淑杰.商業銀行人民幣理財產品的創新研究［D］.上海：華東師範大學，2007.

［5］張婧.中國商業銀行人民幣理財產品創新研究［D］.太原：山西財經大學，2010.

［6］董麗，陳宇峰，王麗娟.碳金融理財產品：發展前景、制約因素與對策建議［J］.吉林金融研究，2010（8）：8-10.

［7］胡斌，胡艷君.利率市場化背景下的商業銀行個人理財產品［J］.金融理論與實踐，2006（3）：16-19.

［8］郜靖.利率市場化背景下中國商業銀行的經營效率研究［D］.大連：東北財經大學，2016.

［9］馮前達.中國商業銀行人民幣理財產品收益率影響因素研究［D］.天津：天津財經大學，2014.

［10］何兵，徐慶宏，羅志華.商業銀行理財市場與利率變動的相關性研究：基於理財產品的實證分析［J］.西南金融，2009（2）：47-49.

［11］王雲繪.沱牌舍得信託案例分析［D］.瀋陽：遼寧大學，2014.

［12］劉振盛.茅臺信託不勝酒力？酒類信託續存、信披風險揭示［N］.21世紀經濟報導，2013-01-14（16）.

［13］盧偉.商品林資產證券化探討［D］.南京：南京林業大學，2010.

［14］劉國成，陳志宏.解決林業投資問題的新思路：商品林資產證券化［J］.林業經濟，2007（1）：71-73.

［15］王紅英.資產證券化、地方債與大宗商品走勢［N］.第一財經日報，2013-09-28（B12）.

［16］王穎慧.影子銀行監管法律問題研究［D］.太原：山西財經大學，2018.

［17］劉立新，李鵬濤.金融供給側結構性改革與系統性金融風險的防範［J］.改革，2019（6）：84-91.

［18］章紅.論中國商業銀行理財產品的法律規制［D］.南昌：江西財經大學，2018.

［19］周婧.中國商業銀行理財業務發展問題及對策研究［D］.北京：首都經濟貿易大學，2018.

［20］陳丹丹.中國信託業與類信託業的發展研究［D］.廈門：廈門大學，2018.

［21］宋禹君.銀行理財產品的法律規制［D］.重慶：西南政法大學，2018.

［22］喬晉聲，徐小育.美國商業銀行開展理財業務的經驗及對中國銀行的啟示［J］.金融論壇，2006（10）：53-60.

［23］朱焱.商業銀行理財產品創新的影響及風險防範研究［D］.大連：東北財經大學，2017.

［24］宋禹君.銀行理財產品的法律規制［D］.重慶：西南政法大學，2018.

［25］姜森.商業銀行非標理財業務的風險管理［D］.南京：南京大學，2018.

［26］譚瑩，李舒.中國商業銀行結構性理財產品的現狀、特點及發展［J］.金融理論與實踐，2009（12）：60-62.

［27］馬秋君，李巍.中國銀行結構性理財產品的收益與風險分析［J］.經濟社會體制比較，2011（6）：189-194.

［28］彭君瑶，蔣俊.中國結構性理財產品的主要特徵與風險分析［J］.金融經濟，2010（12）：43-45.

［29］鄭旭艷.從銀信理財領域糾紛案件分析銀行理財產品的法律性質［J］.中

小企業管理與科技（中旬刊），2017（1）：60-62.

［30］翟立宏，孫從海，李勇，等.銀行理財產品運作機制與投資選擇［M］.北京：機械工業出版社，2009.

［31］王熙曜.銀信合作業務的困境與未來［J］.債券，2015（6）：63-68.

［32］中國銀行業從業人員資格認證辦公室.個人理財［M］.北京：中國金融出版社，2013.

［33］張同慶.信託業務風險管理與案例分析［M］.北京：中國法制出版社，2016.

［34］嚴驕，李紅成.非標業務常見風險及應對：銀行·信託·證券·資管［M］.北京：中國法制出版社，2018.

附錄 1　上海國際酒業交易中心交易規則（2010 年版）

第一章　總則

1.1　為維護酒類交易的正常秩序，保障交易各方的合法權益，經上海市人民政府批准，設立上海國際酒業交易中心（以下簡稱「本中心」）。本中心根據《中華人民共和國合同法》等相關法律、行政法規制定本規則。

1.2　本中心本著誠實信用的原則，為交易各方提供公平、公正、公開的第三方交易平臺。

1.3　本中心只組織酒品實物交易，不開展標準化合約交易、不開展權益或權益份額交易。

1.4　本中心對交易酒品採取審批制，只有經過本中心批准的酒品才能在本中心的交易平臺上市交易。

1.5　本中心業務採取會員制，本中心不直接受理客戶業務申請，客戶在本中心的所有業務必須通過其經紀會員完成。

1.6　客戶可以通過本中心經紀會員開立交易帳戶。為方便客戶開戶，本中心在官方網站（www.siwe.com.cn）上設有客戶開戶頁面，客戶可以通過該頁面選定經紀會員，辦理自助開戶。

1.7　本中心內的一切業務活動必須遵守本規則。

第二章　發行會員、承銷會員和經紀會員

2.1　本中心會員分為發行會員、承銷會員和經紀會員三類。

2.2　發行會員指在本中心發行或掛牌上市酒品的會員，是所發行或掛牌上市酒品的所有者。

2.3 承銷會員指協助發行會員完成酒品在本中心發行或掛牌上市的會員。承銷會員在發行過程中必須包銷部分上市酒品。

2.4 經紀會員指為客戶及發行會員在本中心買賣酒品提供交易通道、協助其完成交易、結算及交貨的會員。

2.5 會員資格的取得、會籍管理、會員權利義務及收費標準等參見《上海國際酒業交易中心會員管理辦法》。

第三章 發行、掛牌及其他

3.1 本中心交易的酒品，按交易方式的不同分為收藏類酒和消費類酒，其中，收藏類酒又分為國產收藏類酒和非國產收藏類酒。針對收藏類酒和消費類酒，本中心設立兩個獨立的交易平臺。收藏類酒需要經過發行程序才能在本中心交易；消費類酒經過掛牌申請程序即可在本中心交易。本中心可以根據市場的需要，設計與推出競拍等其他交易模式。其他交易模式中的酒品上市等事項，參見本中心另行制定的相應的交易細則。

3.2 發行指發行會員將經過本中心批准的酒品通過本中心收藏類酒交易平臺公開發售給酒類收藏者。

3.3 本中心採取承銷會員承銷和協助發行制度，發行會員發行酒類交易商品必須由承銷會員承銷和協助發行。

3.4 發行會員的酒品也可以在承銷會員的協助下直接在本中心消費類酒交易平臺掛牌交易。

3.5 本中心設立發行審核委員會，負責對酒品在本中心發行進行審核。發行審核委員會的組成和議事規則由本中心確定。

3.6 酒品的發行採用發行會員定價和網上申購的方式進行。本中心對擬發行酒品實行單一客戶最大申購量和最小申購量限制。

3.7 發行流程主要包括指定承銷會員、酒品設計、發行申請、路演、網上申購等；具體流程在《上海國際酒業交易中心國產收藏類酒交易細則》和《上海國際酒業交易中心非國產收藏類酒交易細則》中確定。

3.8 發行會員須向本中心和承銷會員支付發行服務費，承銷會員須就其包銷部分向本中心支付發行服務費，網上申購中簽客戶須向本中心和經紀會員支付發行服務費。上述發行服務費標準在《上海國際酒業交易中心國產收藏類酒交易細則》和《上海國際酒業交易中心非國產收藏類酒交易細則》中確定。

3.9　掛牌指發行會員的酒品通過承銷會員向本中心申請在消費類酒交易平臺掛牌上市。

3.10　掛牌流程主要包括指定承銷會員、提出掛牌上市申請。具體流程在《上海國際酒業交易中心消費類酒交易細則》中確定。

3.11　發行會員須向本中心和承銷會員支付掛牌服務費，掛牌服務費的收費方式和標準在《上海國際酒業交易中心消費類酒交易細則》中確定。

第四章　交易

4.1　酒品成功上市交易後，只能在本中心規定的交易時間內通過本中心交易平臺進行交易。

4.2　各平臺交易時間由本中心在相應的交易細則中規定。

4.3　本中心交易酒品採用交易代碼制，具體的交易代碼編製方式在相應的交易細則中規定。

4.4　交易的最小單位、報價貨幣、最小變動價位、報價（含稅價與不含稅價）、最小交貨量等在相應的交易細則中規定。

4.5　交易流程和機制在相應的交易細則中規定。

4.6　交易開盤價、收盤價、每日漲跌幅限制在相應的交易細則中規定。

4.7　本中心針對異常情況採取的限製單一客戶某酒品最大持有量、限製單一酒品每個客戶當日最大購買量等措施在相應的交易細則中規定。

4.8　買賣雙方報價後，該筆指令所對應的買方貨款、賣方酒品或保證金相應被凍結。

4.9　報價尚未成交前，客戶可以撤銷原指令。

客戶撤單只對原指令未成交部分有效，若該筆指令已全部成交，則該撤單指令無效。客戶撤單成功後，該筆撤單對應指令所凍結的貨款、酒品或保證金即被解凍。

4.10　買方和賣方客戶均須向本中心和經紀會員按成交金額的一定比例支付交易手續費，具體收費標準在相應的交易細則中規定。

4.11　購買收藏類酒品長期不賣出或不辦理提貨的客戶，本中心將對其收取酒品託管費，託管費的收取辦法和標準在相應的交易細則中規定。

4.12　當某一收藏類上市酒品提貨量超過發行量的95%時，本中心有權將該酒品退市，退市相關處理辦法由本中心另行規定。

第五章　結算與交貨

5.1　客戶參與本中心交易必須在本中心指定的結算銀行（以下簡稱「結算銀行」）開立銀行自有資金帳戶，本中心通過結算銀行，對客戶的貨款及各項費用等進行代收代付或暫存暫付。

5.2　客戶及會員的資金劃撥一律採用銀商通或銀商轉帳的方式進行。客戶在申購、交易之前必須在其交易帳戶中存入足額的交易資金，以確保各款項的及時支付。本中心對客戶交易帳戶餘額不計付利息。

5.3　發行結算：發行成功後，本中心在扣除發行服務費及其他費用後，將承銷會員的包銷貨款和客戶中簽的貨款劃入發行會員指定的帳戶；同時將發行酒品分別記入承銷會員和中簽客戶的交易帳戶。

5.4　收藏類酒交易平臺交易結算：採取即時結算和每日結算相結合的原則。交易過程中，交易系統即時記錄買賣雙方資金和酒品數量的變化；當日交易結束後，交易系統對交易各方的貨款及酒品數量進行統一結算後由結算銀行進行實際的資金劃轉。具體的結算辦法在相應的交易細則中規定。

5.5　消費類酒交易平臺掛牌交易結算：採取即時結算、每日結算及交貨結算相結合的原則。交易過程中，交易系統即時記錄買賣雙方資金和酒品數量的變化；當日交易結束後，交易系統對交易各方的貨款、保證金及酒品數量進行統一結算；完成交貨時，由結算銀行在買方和賣方之間進行實際的資金劃轉。具體結算辦法在相應的交易細則中規定。

5.6　交貨：

5.6.1　在收藏類酒交易平臺，買方可隨時提貨（期酒須在到期後提貨）；不提貨的，酒品將繼續存儲在指定倉儲單位。具體提貨流程在本中心相應的交易細則中規定。

5.6.2　在消費類酒交易平臺，買賣雙方只能在約定的交貨日之後才能交貨。具體交貨流程在本中心相應的交易細則中規定。

5.7　存放於本中心指定倉儲單位的酒品，所有者可以通過交易系統註冊倉單。客戶可以憑註冊倉單提貨，也可以申請倉儲單位按客戶指定的地點和方式配送。

註冊倉單可以過戶給他人。

註冊倉單在提貨前還可以向本中心申請註銷，註銷成功後可繼續參與交易。

註冊倉單一經提貨即不得註銷。

5.8 倉單註冊/註銷須向本中心和經紀會員繳納倉單註冊/註銷服務費。

第六章 信息統計與發布

6.1 本中心及時、準確地發布當日市場行情及市場有關信息。不同交易平臺發布信息的範圍、時間等在相應的交易細則中規定。

6.2 會員和客戶可以通過交易系統查詢自己的交易信息，包括但不限於：

6.2.1 歷史行情查詢；

6.2.2 歷史成交量查詢；

6.2.3 當日報價及成交查詢；

6.2.4 資金/酒品查詢；

6.2.5 倉單註冊/註銷、過戶及交貨查詢。

第七章 異常情況處理

7.1 異常情況是指在交易中發生操縱市場並嚴重扭曲價格的行為或者出現不可抗力、意外事件以及其他情形。

7.2 在交易過程中，如果出現以下情形，本中心可以宣布進入異常情況狀態，採取緊急措施化解風險：

7.2.1 地震、水災、火災、戰爭、罷工等不可抗力或計算機故障等不可歸責於本中心的原因導致交易無法正常進行；

7.2.2 客戶出現清算、交貨危機；

7.2.3 價格嚴重扭曲；

7.2.4 本中心業務規則中規定的其他情況。

出現上述情況的具體解決辦法由本中心在相應的交易細則中規定。

第八章 附則

8.1 本中心可根據新業務的開展情況修訂本規則，並制定相應的交易細則。

8.2 本規則的解釋權和修訂權屬本中心所有。

8.3 本規則自發布之日起施行。

附錄2　上海國際酒業交易中心國產收藏類酒交易細則（2010年版）

第一章　總則

1.1　為維護上海國際酒業交易中心（以下簡稱「本中心」）的交易秩序，保障交易各方的合法權益，根據《中華人民共和國合同法》《上海國際酒業交易中心交易規則》和《上海國際酒業交易中心會員管理辦法》，制定《上海國際酒業交易中心國產收藏類酒交易細則》（以下簡稱「本細則」）。

1.2　國產收藏類酒指經過本中心批准的、由發行會員採用公開發行方式通過本中心交易系統公開發售的國產酒品。

1.3　本中心國產收藏類酒包括期酒和現酒兩類。期酒是指尚未罐裝的半成品酒；現酒是指已經罐裝的成品酒。

1.4　在本中心內進行國產收藏類酒交易、結算和提貨等相關業務活動須遵守本細則。

第二章　發行

2.1　酒品發行的前提條件：

2.1.1　擬發行酒品系國產並為發行會員所有；

2.1.2　葡萄酒須經本中心認可的獨立評酒機構推薦和本中心認可，其他類酒的生產酒廠及酒品品牌須獲得本中心認可；

2.1.3　擬發行酒品未離開原產酒廠或酒莊；

2.1.4　發行會員承諾通過發行審核後為發行酒品購買一年期的保險或辦理相應期限的銀行保函；

2.1.5　本中心規定的其他前提條件。

2.2 發行會員發行酒品必須指定承銷會員承銷。

2.3 承銷會員承銷發行會員的酒品,必須以發行價格包銷發行數量的10%至20%,且包銷款須劃入本中心帳戶,隨中簽客戶的申購貨款一起由本中心劃入發行會員的指定帳戶。承銷會員不得參與自己承銷酒品的網上申購。

本中心對承銷會員包銷部分實行限制減持制度,承銷會員每月減持量不得超過5%。本中心有權根據市場情況調整減持標準並公告。

2.4 本中心對擬發行酒品實行單一客戶最大申購量和最小申購量限制,具體參見本中心發布的酒品發行公告。

2.5 酒品發行流程:

2.5.1 發行會員指定承銷會員,簽訂承銷協議;

2.5.2 發行會員與承銷會員共同完成酒品設計;

2.5.3 發行會員與承銷會員共同填寫《酒品發行申請表》,商定發行價格;

2.5.4 本中心組織發行審核會議,對擬上市發行的酒品進行審核;

2.5.5 如審核通過,發行會員、承銷會員與本中心簽訂《國產收藏類酒品發行、承銷協議》;

2.5.6 發行會員為發行酒品辦理保險或銀行保函,如果辦理保險,投保人須為發行會員,被保險人須為本中心,發行會員將保單原件提交本中心;

2.5.7 承銷會員將包銷部分的貨款劃入本中心帳戶;

2.5.8 本中心發布發行公告;

2.5.9 承銷會員組織路演;

2.5.10 網上公開發行;

2.5.11 本中心發布中簽公告;

2.5.12 發行會員向本中心開具增值稅發票和提貨單或存貨憑證;

2.5.13 本中心在扣除發行服務費及其他費用後,將發行貨款劃入發行會員指定的帳戶;

2.5.14 本中心發布上市公告,發行結束。

2.6 發行過程中的禁止行為:

2.6.1 承銷會員不得承銷自有酒品;

2.6.2 承銷會員不得與發行會員串通,蓄意抬高發行價格;

2.6.3 發行會員和承銷會員均不得發布虛假信息,誤導市場;

2.6.4 本中心規定的其他禁止行為。

2.7 酒品發行成功後，本中心可以要求發行會員將酒品在原廠/原酒莊保存，也可以要求發行會員將酒品轉至本中心指定的倉儲單位保存。發行會員和承銷會員有義務按照本中心的要求將已發行的酒品的全部或部分轉至本中心指定的倉儲單位保存。

2.8 酒品發行成功，發行會員須分別向本中心和承銷會員按成功發行金額的百分之二點五繳納發行服務費；中簽客戶須分別向本中心和經紀會員按成功申購金額的百分之二點五繳納發行服務費。上述服務費由本中心直接從發行會員的發行貨款和客戶的帳戶中扣劃，之後轉付給承銷會員和經紀會員。

第三章 交易

3.1 開戶：客戶參與本中心國產收藏類酒品交易，須開立交易帳戶和資金帳戶。

客戶開戶的起始交易資金不低於人民幣 5 萬元整。

3.1.1 開立交易帳戶：客戶與其經紀會員簽署本中心審定的《風險告知書》《客戶須知》和《經紀合同》後完成開戶；或通過本中心官方網站（www.siwe.com.cn）開戶系統選定經紀會員，簽署上述文件（電子文本），開立交易帳戶，獲取客戶代碼和交易密碼。

3.1.2 開立資金帳戶：客戶在本中心指定結算銀行（以下簡稱「結算銀行」）開立銀行自有資金帳戶，獲取帳戶密碼。資金帳戶開通後，客戶須向結算銀行申請將該資金帳戶與客戶交易帳戶一一對應。

3.2 交易時間：本中心國產收藏類酒品交易時間為每週一至週五（國家法定節假日除外）上午 9：30—11：30，本中心認為必要時可以調整交易時間。

3.3 交易機制：買賣雙方均可以通過本中心交易系統報價，收藏類酒品報價指令按價格優先、時間優先順序排列，當買入價大於或等於賣出價時，報價指令自動成交。成交價等於買入價、賣出價和前一成交價三者中居中的一個價格。

3.4 國產收藏類酒品交易採用交易代碼制，交易代碼由 6 位數字組成，由本中心編製，並在上市公告中公布。

3.5 交易時，如無特別約定，國產收藏類白酒按 500ml 為單位報價（報

價單位為元/500ml），葡萄酒按 750ml 為單位報價（報價單位為元/750ml），計量單位為桶、壇或瓶等；客戶在註冊倉單、提貨時提貨量為該酒品規定的最小提貨單位的整數倍，最小提貨單位在上市公告中公布。

3.6 國產收藏類酒品報價為產地含稅價，報價貨幣為人民幣，最小變動價位為 1 元。本中心有權根據市場情況調整最小變動價位。

3.7 本中心對國產收藏類酒品交易設置漲跌限幅。漲跌限幅為上一交易日收盤價的 10%，上市首日上漲限幅為發行價的 300%，下跌限幅為發行價的 75%。本中心有權根據市場情況調整每日漲跌幅限制。

3.8 本中心國產收藏類酒品交易禁止買空賣空。採取先買後賣，在交易時間內即買即賣模式。

3.9 交易流程：

3.9.1 承銷會員或中簽客戶可通過本中心交易系統下達賣出指令；

3.9.2 買方客戶通過本中心交易系統選擇將要購買的酒品，下達買入指令；

3.9.3 當買價大於或等於賣價時，買賣指令成交；當一筆委託指令已部分成交，剩餘部分繼續參加當天的申買或申賣；

3.9.4 成交時，交易系統自動扣劃買方全額貨款，同時將貨款劃轉至賣方帳戶；

3.9.5 成交後，買方即可辦理提貨，也可以將酒品寄存在倉儲單位，適時賣出；

3.9.6 交易結束。

3.10 交易指令的內容包括：

3.10.1 客戶代碼；

3.10.2 交易酒品的代碼；

3.10.3 買賣方向；

3.10.4 委託價格；

3.10.5 委託數量。

3.11 每交易日開盤價為開盤後第一筆成交價，收盤價為當日最後一筆成交價。

3.12 買賣雙方報價後，該筆指令所對應的買方貨款或賣方酒品相應被凍結。

3.13 報價尚未成交前，客戶可以撤銷原指令。

3.13.1 客戶撤單只對原指令未成交部分有效，若該筆指令已全部成交，則該撤單無效；

3.13.2 客戶撤單成功後，原凍結的相應貨款或酒品即被解凍。

3.14 參與交易的買方和賣方均須向本中心及其經紀會員繳納交易手續費。交易手續費按成交金額的一定比例支付，標準為：向本中心繳納成交金額的千分之一；向經紀會員繳納成交金額的千分之二。

第四章 結算與提貨

4.1 本中心與結算銀行共同完成對客戶的資金結算。

4.2 當日交易開始前，本中心交易系統從結算銀行提取客戶的帳戶數據記入客戶交易帳戶。客戶在本中心交易系統與結算銀行系統連接開放時間（除結算時間外），可以網上在資金帳戶與交易帳戶間劃轉資金。

4.3 當日交易過程中，本中心交易系統根據客戶的交易情況將貨款、費用與酒品數量的變化以及客戶出入金產生的資金變化分別計入客戶的交易帳戶，交易系統根據客戶交易帳戶中所記錄的資金和酒品存貨情況控制客戶的買賣額度。

4.4 當日交易結束後，結算銀行根據客戶交易帳戶的變動情況，與客戶在結算銀行的帳戶進行對帳，並調整客戶帳戶數據，對軋差部分進行實際的資金劃轉。

4.5 客戶的資金劃撥申請通過本中心數據復核後，由客戶直接在結算銀行櫃臺或通過網上銀行辦理。本中心不介入客戶資金帳戶的管理。客戶在申購和交易之前必須向交易帳戶存入足額的資金，以確保各款項的及時支付。

4.6 原則上，本中心國產收藏類酒品的存放地點為原產酒廠或酒莊。如果酒廠或酒莊存儲困難，則存放於本中心指定的酒窖。以上三種存放酒品機構簡稱為倉儲單位。

4.7 倉儲單位為存放的上市酒品提供一定期限的免租期，具體免租期限由倉儲單位確定；超出免租期，持有酒品的客戶須向倉儲單位支付倉儲費。倉儲費向每交易日閉市結算時持有酒品的客戶計收。超出免租期的倉儲費計算公式為：

數量×日租金標準×（賣出日期−買入日期或起始計租日期）

免租期及日租金標準由本中心發文公告。

4.8 倉儲費由本中心代收，在持有酒品的客戶賣出或提貨時從客戶帳戶中扣除後轉付給倉儲單位。

4.9 國產收藏類酒品發行時，發行會員須為其購買一年期的保險（期酒的保險期間須覆蓋期酒的交貨期）或辦理銀行保函。

國產收藏類酒品已上市交易，發行會員購買的保險到期後，酒品的保險先由本中心以年為單位代為購買，保額單價以購買時酒品在本中心前五個交易日（無成交則往前推）的加權平均價格為標準。保險費向每交易日閉市結算時持有酒品的客戶計收，按持有期（除發行會員已投保期限之外）在酒品賣出或提貨時從客戶帳戶中扣除。保險費的計算公式為：

數量×日保險費標準×（賣出日期－買入日期）－發行會員已投保部分

保險費的起始計算時間及日保險費標準由本中心發文公告。

4.10 本中心對持有酒品的客戶收取酒品登記託管費。新購入（含申購，自上市日算起）酒品客戶享有180天的免託管費期；超出免託管費期的，託管費計算公式為：

數量×日託管費標準×（賣出日期要－買入日期或上市日期－免費期）

託管費標準由本中心發文公告。

4.11 本中心資金結算分為貨款結算和費用結算兩部分。

4.12 買方客戶購買國產收藏類酒品時須支付的款項為：（買入／申購價格＋本中心收取的單位數量交易手續費／發行服務費＋會員收取的單位數量交易手續費／發行服務費）×成交數量

4.13 賣方客戶賣出國產收藏類酒品收入的款項為：（賣出價格－本中心收取的單位數量交易手續費－會員收取的單位數量交易手續費）×成交數量－倉儲費－保險費－託管費

4.14 發行會員發售國產收藏類酒品收入的款項為：（發行價格－本中心收取的單位數量發行服務費－承銷會員收取的單位數量發行服務費）×實際發行數量－保險費

4.15 買方客戶在購買成功後可隨時提出倉單註冊申請（期酒須在交貨期後）。

倉單註冊的酒品數量須為最小提貨單位的整數倍。

倉單註冊成功後，系統自動生成密碼，客戶可憑註冊倉單及密碼自行到倉

儲單位提貨，也可申請由倉儲單位按客戶指定的地點和方式配送。註冊倉單在提貨前可過戶或向本中心申請註銷，註銷成功後可繼續參與交易。註冊倉單一經提貨即不得註銷。

註冊倉單不記名，不掛失，倉單密碼遺失導致的損失由註冊客戶自行承擔。

客戶可憑註冊倉單向本中心申請註銷手續。

倉單註冊/註銷須向本中心和經紀會員繳納倉單註冊/註銷服務費：註冊/註銷日前五個交易日（含發行日，無成交則往前推）加權平均價（如果上市不足五個交易日的按實際天數計算）×倉單註冊/註銷數量×收費標準。收費標準為：向本中心繳納百分之二點五，向經紀會員繳納百分之二點五。

4.16 本中心收到客戶的倉單註冊申請後，為客戶計算以下費用，並通知客戶：

4.16.1 根據客戶提交的送貨地點計算出代辦運輸費用（如為客戶自提則無須繳納此項費用）；

4.16.2 根據客戶在倉單註冊申請中提交的計劃提貨時間和客戶購買該批酒品的時間，計算出應交的倉儲費、保險費和託管費。

4.17 上述所有費用均由本中心代收代付。本中心在收到客戶繳納的上述4.15和4.16條規定的全部費用後即為客戶註冊倉單，同時將倉單的註冊信息通知倉儲單位。

4.18 倉單註冊成功後，客戶即可憑註冊倉單在計劃提貨時間內向倉儲單位提出提貨申請。倉儲單位可提供代辦運輸業務。

客戶自行提貨時，須持註冊倉單（法人須加蓋公章）、提貨人身分證原件及複印件至倉儲單位辦理提貨手續；倉儲單位在核對提貨憑證、提貨人身分及提貨密碼無誤後，將相對應的貨物交付提貨人。

4.19 客戶必須在計劃提貨時間內提貨或註銷倉單，否則，該批酒品須重新註冊倉單，且在重新註冊前不得參與本中心交易，由此造成的一切損失由客戶自行承擔。

第五章 信息統計與發布

5.1 本中心國產收藏類酒品交易平臺發布的信息包括：

5.1.1 市場即時行情：包括指定交易品種的開盤價、最高價、最低價、

最新價、收盤價、當日均價、漲跌價位、漲跌幅、成交量、成交金額、發行量、已提貨量及庫存量等；

  5.1.2 最優報價：每一交易品種買賣各 3 檔最優價位；

  5.1.3 即時行情走勢圖：市場最新成交價走勢；

  5.1.4 酒類市場行情：酒類市場的相關行情；

  5.1.5 市場歷史行情：市場的歷史行情統計信息；

  5.1.6 酒品信息查詢：上市酒品的信息；

  5.1.7 市場公告及其他信息。

  5.2 客戶可以通過交易系統對自己的交易信息進行查詢，包括：

  5.2.1 當日成交查詢：查詢客戶當日成交記錄；

  5.2.2 當日委託查詢：查詢客戶當日委託記錄；

  5.2.3 歷史成交查詢：查詢客戶歷史成交記錄；

  5.2.4 歷史委託查詢：查詢客戶歷史委託記錄；

  5.2.5 資金/酒品查詢：查詢客戶資金餘額及割撥記錄、持有酒品數量及歷史記錄；

  5.2.6 倉單註冊/註銷查詢：查詢客戶即時倉單註冊情況及歷史倉單註冊/註銷與提貨的記錄。

第六章　異常情況處理

  6.1 異常情況是指在交易中發生操縱市場並嚴重扭曲價格的行為，或出現不可抗力、意外事件以及其他情形。

  6.2 在交易過程中，如果出現以下情形，本中心可以宣布進入緊急狀態，採取緊急措施化解風險：

  6.2.1 地震、水災、火災、戰爭、罷工等不可抗力或計算機故障等不可歸責於本中心的原因導致交易無法正常進行；

  6.2.2 客戶、會員出現清算危機；

  6.2.3 價格嚴重扭曲；

  6.2.4 本中心業務規則中規定的其他情況。

  出現異常情況時，本中心可以採取調整開收市時間、暫停交易、調整漲跌限幅、限製單一客戶某酒品最大持有量、限製單一酒品每個客戶當日最大購買量、限制出金等緊急措施。

6.3 本中心禁止串通交易、操縱價格。對市場操縱者，本中心有權停止其買賣資格、凍結盈利、凍結本金，並視情況提請價格主管部門、司法機關處理。

第七章　附則

7.1 本中心可根據實際情況自行調整本細則中所涉及的所有收費標準，但須事先公告。

7.2 本細則的解釋權和修訂權屬於本中心。

7.3 本細則自發布之日起施行。

白酒金融理財產品研究

作　　者：吳濤，張亮 著	**國家圖書館出版品預行編目資料**
發 行 人：黃振庭	白酒金融理財產品研究 / 吳濤, 張亮著 . -- 第一版 . -- 臺北市：財經錢線文化，2020.11　面；　公分　POD 版　ISBN 978-957-680-470-0(平裝)　1. 酒業 2. 金融商品 3. 中國　481.7　109016630

作　　者：吳濤，張亮 著
發 行 人：黃振庭
出 版 者：財經錢線文化事業有限公司
發 行 者：財經錢線文化事業有限公司
E-mail：sonbookservice@gmail.com
粉 絲 頁：https://www.facebook.com/sonbookss/
網　　址：https://sonbook.net/
地　　址：台北市中正區重慶南路一段六十一號八樓 815 室
Rm. 815, 8F., No.61, Sec. 1, Chongqing S. Rd., Zhongzheng Dist., Taipei City 100, Taiwan (R.O.C)
電　　話：(02)2370-3310
傳　　真：(02) 2388-1990
總 經 銷：紅螞蟻圖書有限公司
地　　址：台北市內湖區舊宗路二段 121 巷 19 號
電　　話：02-2795-3656
傳　　真：02-2795-4100
印　　刷：京峯彩色印刷有限公司（京峰數位）

- 版權聲明
本書版權為西南財經出版社所有授權崧博出版事業有限公司獨家發行電子書及繁體書繁體字版。若有其他相關權利及授權需求請與本公司聯繫。

定　　價：380 元
發行日期：2020 年 11 月第一版
◎本書以 POD 印製